질량의 기원

물질은 어떻게 해서 질량을 획득하는가

히로세 다치시게 지음
임승원 옮김

전파과학사

머리말

　상식에는 함정이 있다. 〈사람들에게 널리 인정되고 있는 지식〉인 상식에 대해서 사실 본질적인 것은 아무것도 모르는 일이 흔히 있다. 평소 우리들은 상식을 가장하고 있는 많은 사항과 마주쳐도 그것이 '상식'이라는 이유 때문에 그 깊숙한 곳에 있는 참된 모습을 밝히려고 노력하지 않는다.
　그런데 과학의 역사책을 펴서 읽어보면 위대한 성과의 대부분은 상식을 의심하고 상식에 도전함으로써 초래되고 있음을 발견한다. 그 성과가 때로는 그때까지의 상식을 뒤엎은 일도 흔히 있다. 그러한 상식을 깨는 제1인자는 누가 뭐라고 해도 상대성 이론의 제창자, 아인슈타인일 것이다. 그때까지 오랫동안 인류가 믿어 온 시간과 공간의 개념을 밑바탕에서부터 깨뜨렸기 때문이다.
　시간, 공간과 함께 상식의 탈을 쓰고 있는 또 하나의 개념엔 질량이 있다. 이와 관련해서 "질량이란?"이라고 질문해 보면 대부분의 사람은 "그런 것은 상식일세. 무게를 말하는 것이지 않은가"라고 아주 간단하게 끝내 버린다. 확실히 질량은 4000년 이상에 걸친 근대과학 역사에서 물리학의 가장 기본적인 개념으로서 아무런 의심도 없이 받아들여져 왔다. 이제까지의 과학자들은 거기에 질량이 있었다는 것 외에 질량에 대해서 그 이상의 것은 파헤쳐 조사하지 않았다.
　그러나 지금은 사정이 달라졌다. 물리학의 최신 이론이 질량의 상식의 탈을 벗겨서 그 기원을 밝히는 데 성공한 것이다.

통일 이론이라 부르고 있는 이 이론은 우주의 개벽과 동시에 질량을 하늘에서 내려주셨다는 이제까지의 상식을 뒤엎었다.

　이 책에서는 질량이라는 평범한 개념을 통해서 현대물리학의 진수에 접근해 보고자 한다. 질량이라는 작은 창을 통해서 우주의 개벽이나 소립자 등 넓고 깊은 과학의 세계를 조망해 보고자 한다.

　물론 번거로운 숫자는 사용하지 않고 개념이나 사고 방법에 역점을 두고 설명했다. 사진, 일러스트를 많이 실어 눈으로 보고 이해할 수 있도록 궁리했다.

　이 책에 의해서 독자 중에 〈신변의 상식에 적극적으로 주목하고 나아가서 상식의 배후에 숨어 있는 본질을 들추어내자〉라는 기분이 싹튼다면 기대하지 않던 기쁨이다.

　이 책을 출판함에 있어 고단샤 과학도서출판부의 야나기다 사이 씨에게 여러 가지로 신세를 졌다. 이 자리를 빌려 깊이 감사드린다.

히로세 다치시게

차례

머리말 3

1장 현대의 만리장성 ·········· 9
부시 대통령의 일본 방문 10
질량이란? 12
질량, 시간, 공간 14
물질이란 무엇인가? 16
극미의 세계로 19
자연을 본다 21
SSC가 지향한 것 24
인류의 꿈 28

2장 질량이란 무엇인가 ·········· 31
질량과 무게 32
튀어 오르는 비행사 33
중력질량의 결정 36
관성이란 38
또 하나의 질량 41
두 개의 질량 44
에토베슈의 실험 47
일치한 질량 49
아인슈타인의 등장 51
기상천외한 일 54

낙하하는 엘리베이터　56
　　　종지부를 찍는다　58

3장 질량은 어디에 있는가 …………………………………… 61

　　　아리스토텔레스의 물질관　62
　　　빈틈투성이 원자　64
　　　소립자의 안 깊숙이　66
　　　쿼크가 있었다　69
　　　특이한 성질　72
　　　반입자도 있다　75
　　　쿼크, 렙톤의 질량　79

4장 전화하는 질량 …………………………………………… 83

　　　불가사의한 현상　84
　　　뉴턴에서 아인슈타인으로　87
　　　질량에서 에너지가　91
　　　질량은 바뀐다　93
　　　반물질의 세계　95
　　　질량을 에너지로　100
　　　광속에 다가선다　103
　　　더 에너지를　107
　　　쿼크의 충돌　111

5장 질량과 힘 ………………………………………………… 115

　　　뉴턴과 데카르트　116
　　　소재와 힘　118

원자의 규칙성　122

전기의 힘—자기의 힘　124

광자의 캐치볼　126

강한 힘도 있다　129

색깔이 붙은 쿼크　131

구세주 나타나다　134

약한 힘과 베타 붕괴　136

물을 탄 위스키　138

네 개의 힘　140

6장 질량의 탄생 ················ 145

진리는 단순하다　146

분해와 통합　149

통일 이론의 탄생　151

나고야가 달린다　154

게이지 불변성이란　157

국소 게이지 대칭성　160

숨겨진 대칭성　163

질량을 만들어 내다　165

물질에 질량을　170

힉스 기구　172

표준모형으로　176

힉스 입자 나타나다　178

힉스 입자가 없었다면　182

편입(재규격화) 이론　184

7장 우주와 질량 ·················· 189

스케일의 계단　190
팽창하는 우주　192
우주배경복사　195
우주의 크기　199
상전이로부터 질량이　201
차폐와 반차폐　203
소름 끼치는 이야기　207
변신하는 우주　210
질량이 나타났다　213

8장 질량의 주변 ·················· 217

암흑물질　218
암흑물질을 찾아라　221
악시온의 탐색　227
쓰레기 산더미에서 보석을　230
에너지 프런티어를 지향하여　232
힉스 입자는 일본에서　236
용기 있는 도전　240

1장
현대의 만리장성

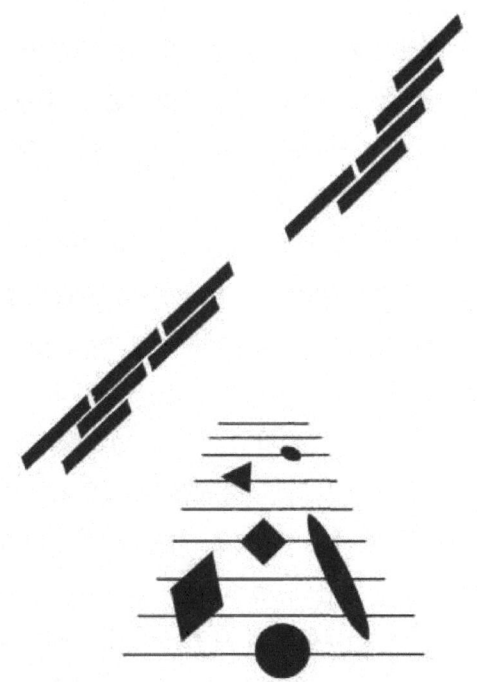

부시 대통령의 일본 방문

1991년 늦가을의 어느 신문에 1페이지를 할애해서 다음과 같은 기사가 보도되었다. 「소립자를 찾는 '만리장성'」이라는 큰 표제어가 있고 그 밑에는 프로젝트의 상세한 설명이 있다.

"인류 최후의 매머드 가속기(加速器)라 일컬어지는 미국의 초전도 초대형 입자가속기 'SSC(Super conducting-Super Collider)' 건설에 대한 협력 문제가 내년 1월 7일 부시 대통령의 일본 방문을 맞이하여 미일 간의 중요 문제로 대두되었다……."

이 SSC는 길이 87킬로미터의 거대한 지하링이고 야마노테선(山手線: 일본 전철의 선로명)의 2.5배가 된다는 것 때문에 소립자 물리학의 '만리장성'으로도 비유된다. 총공사비도 1조 엔 이상이라는 엄청난 금액이고 21세기 초 완성을 목표로 하여 부시 대통령의 고향, 텍사스주 댈러스 교외의 목초 지대에 건설하는 것으로 되어 있었다. 미국 측은 일본에 대해서 2000억 엔의 출자와 하이테크 기술에 의한 장치 개발에 대한 공헌을 기대하고 있고, 대통령이 일본에 직접 와서 그 의향을 전하려는 것이다.

기사는 계속된다. "재정을 잘 변통하여 과학기술의 국제적 공헌을 단행할 것인가, 이를 거부해서 그 이름대로 미일 관계의 '대충돌기(大衝突器)'가 될 것인가. 외교의 베테랑 미야자와(宮沢) 새 총리도 어려운 결단을 강요당하고 있다"라고.

도대체 SSC 계획의 학문적인 목적은 무엇인가? 이만큼의 자금과 세계적인 협력 태세를 필요로 하는 이상, 거기에 걸맞은 중요한 학문적 의의가 있음에 틀림없다.

여기서 다시 한 번 신문을 잘 보면 "어라!"라고 생각되는 글귀가 있음을 알게 된다. 「질량은 왜 있는가」라는 표제어가 있

1장 현대의 만리장성 11

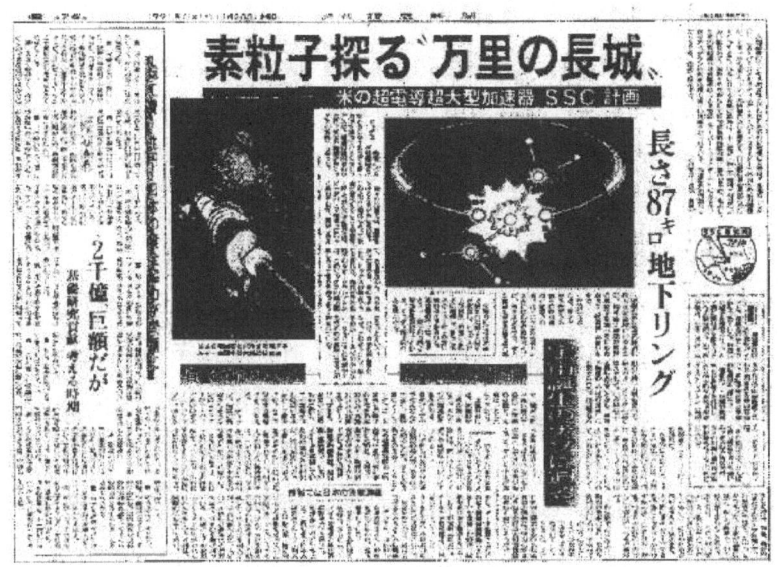

〈그림 1-1〉 초전도 초대형 입자가속기 SSC를 보도하는 신문기사
[요미우리 신문 1991년 11월 28일 석간]

고 그 옆에 설명이 있다. "물질에는 왜 질량(무게)이 있는가? 이 수수께끼 풀이의 열쇠를 쥐고 있는 것이 힉스다. 이론 제창자의 한 사람인 영국의 물리학자 힉스의 이름에서 따왔다. 일상 생활에서는 온도를 내리면 물이 얼음으로 바뀐다. 이와 같이 온도에 따라서 상태가 변화하는 것을 상전이(相轉移)라 부른다. 현재의 우주론에서는 빅뱅으로 시작된 작열(灼熱)의 우주가 팽창하고 냉각되어서 어떤 온도로부터 아무것도 없었던 진공(眞空)이 상전이를 일으켜 힉스의 바다가 생겼다고 한다……. 물질을 만드는 소립자는 이 힉스의 바다와 서로 영향을 주어서 무게를 갖게 되었다 한다."

상전이라든가 힉스라는 귀에 익지 않은 말이 나오는데 그 자세한 설명은 다음 장으로 미루기로 하고 여기서는 '힉스'가 소립자의 하나이고 물질에 질량을 부여하는 주역임을 주의해 둔다. 이 설명에 따르면 물질의 질량은 처음부터 물질에 갖추어진 것이 아니고, 우주 초기 진공 속에 나타난 힉스라 부르는 소립자에 의해서 초래된 것이라 한다.

그런데 질량을 단순히 물질의 양(量)이라 생각하면, 그것은 보통 '무게'로 측정할 수 있다. 결국 질량과 무게는 서로 떼어 놓을 수 없는 것이고 물질이 있으면 거기에는 반드시 무게가 있다는 것이 우리들의 상식이다. 확실히 종이, 나무, 금속, 물, 유리 등, 주변을 둘러보아도 무게가 없는 물질은 어디에도 없다. 바로 그렇기 때문에 인류는 먼 옛날부터 스스로의 경험을 통해서 〈저울로 무게를 측정함으로써 물질의 분량을 결정할 수 있다〉는 것을 인식해 왔다.

하지만 지금은 사정이 다르다. 현대물리학의 최신 이론이 〈질량과 물질은 별개의 것〉이라 주장하고 있기 때문이다. 그렇다면 질량이 없는 물질이 있어도 된다고 말할 수 있을 것 같다. 무게가 없는 물질……. "그러한 것은 유령으로밖에 생각할 수 없다"라고 반론할 사람이 있을지 모른다. 확실히 이제까지 물리학의 온갖 이론에서 질량은 시간이나 거리와 마찬가지로 가장 기본적인 양으로서 처음부터 주어져 있었다. 뉴턴의 역학에서도, 현대의 양자역학(量子力學)에서도.

질량이란?

이것은 엄청난 일이 됐다. 질량이 언젠가, 어디에서인가 만들어졌다 한다. 그러면 그때 물질은 있었던 것일까? 질량이 만들어지기 전의 물질은 정말 질량을 갖지 않았던 것일까? 질량 제로의 물질이란 도대체 무엇인가? 우리들은 너무나도 질량(무게)이라는 개념에 완전히 익숙해져 있기 때문에 〈질량과 물질은 별개의 것〉이라는 이야기를 들어도 곧바로 "네, 그렇습니다"라고 납득하기 어렵다.

질량의 기원에는 이제까지의 상식으로는 추측할 수 없는 무언가 깊은 구조가 있을 것 같다. 그렇다면 여기서 조금 짓궂은 질문을 해 보자. "무릇 우리들이 이제까지 상식적으로 생각해 온 질량이란 대관절 무엇입니까?"라고. 이렇게 마주 대하고 질문을 받으면 의외로 곤란하지 않을까. 그래서 곁에 있는 국어사전을 찾아보면 "질량이란 물질의 양이다"라 적혀 있다. 이것은 얼핏 보기에 지극히 당연한 것 같지만 곰곰이 생각해 보면 아무것도 말하고 있지 않음을 알 수 있다. 단순히 말을 바꿔 한 데에 불과하다. 일상적인 회화라면 모를까, 물리학의 해답으로는 곤란하다. 지금 우리가 알고자 하는 것은 오히려 '물질의 양이란 무엇인가'이기 때문이다.

거듭 파고들어 생각해 보면 여기서 무심코 사용하고 있는 '물질'이라는 말도 수상하다는 것을 알게 된다. 그와 관련해서 "물질이란 무엇입니까?"라고 스스로 마음속에 물어보면 글쎄……라고 고개를 갸우뚱하는 사람도 많을 것이다. 궁한 나머지 "그것은 물건이다"라고 대답해 보아도 "그러면 물건이란 무엇인가"라고 다시 추궁받으면 대답이 막혀 버린다.

그래서 괴로울 때 하느님 찾기 식으로 다시 한 번 「물질」에 대해서 국어사전을 찾아보기로 하자. 놀랍게도 우선 첫째로 '물건'이라는 설명이 있다. 그 밑에는 '넓게는 돈이나 물품 등을 가리킨다'라고 보충 설명하고 있다. 자기의 해답도 꽤 괜찮다고 기뻐하는 사람도 있을지 모르지만, 이것도 말을 바꿔 하는 영역을 벗어나지 않고 있다. 내친 김에 또 하나의 설명을 보면 '공간에 있는 실질(實質)을 가진 것. 물체의 실질'이다. 게다가 이 설명에 '이(理, 다스릴 이)'라는 기호(記號)가 있는 것을 보면 이것은 아무래도 과학적인 입장에서의 해답인 것 같다.

이상 언급한 국어사전의 설명을 정리하면 다음과 같이 된다. "물질이란 '물건'이고 물체의 실질이다. 그리고 그러한 '물건'이나 물체의 실질적 양을 질량이라 한다." 이 설명을 듣고 과연 그렇다고 납득한 사람이 몇 사람 있을까. 내가 추측하는 바로는 점점 더 뜻을 모르게 됐다고 말하는 것이 솔직한 것이 아닐까. 이러한 논의를 하고 있으면 말의 수렁에 빠져 버릴 것 같다. "어째서 이러한 까다로운 논의를 시작했는가. 책임을 져라"라는 목소리가 들려오는 것 같다.

내가 말하고 싶었던 것은 질량이라든가 물질이라든가 하는 평소 무심코 사용하고 있는 말에도 깊은 의미가 있다는 것이다. 그리고 그것이 친숙해진 말일수록, 그 과학적인 의미를 간과해 버리는 일이 많다. 그 전형적인 예의 하나가 '질량'일 것이다.

질량, 시간, 공간

이제까지 물리학의 온갖 이론 중에서 질량은 가장 기본적인 개념으로서 처음부터 주어져 있었다. 질량은 시간이나 거리와 함께 3개의 기본량이고, 이것 이외의 물리량은 이 3개의 기본량을 조합시켜 나타낼 수 있다. 예컨대 속도는 물체가 이동한

거리를 시간으로 나눠서

[속도] = [거리]/[시간]

이라 구할 수 있고, 그 속도를 거듭 시간으로 나누면 속도의 시간 변화, 즉 가속도가

[가속도] = [속도]/[시간]
= [거리]/[시간]^2

으로 얻어진다. 그리고 가속도에 질량을 곱한 양이 힘이다. 즉

[힘] = [질량] × [가속도]
= [질량] × [거리]/[시간]^2

이들 식의 물리적인 의미에 대해서는 지금 너무 파헤쳐 조사하지 않기로 하자. 그보다도 3개의 식의 우변을 보면 속도, 가속도, 힘의 각 양이 모두 질량, 시간, 거리로 표시되어 있음에 주목하기 바란다.

이들 기본량의 단위를 기본 단위라 부른다. MKS 단위라든가 cgs 단위라는 말을 한 번은 들은 적이 있을 것이다. 이것은 길이, 질량, 시간에 대해서 전자에서는 미터(m), 킬로그램(k), 초(s)를 사용하고, 후자에서는 센티미터(c), 그램(g), 초(s)를 사용한다는 의미다.

질량은 중학교의 과학이나 고등학교의 물리 교과서로 배우는 고전역학이나 고전전자기학은 물론, 금세기에 들어와서부터 발전해 온 양자역학 등 자연과학의 온갖 분야에 나타나는 가장 기본적인 개념이다.

이러한 학문 분야에서 사용되고 있는 질량은 물질 고유의 성

질(무게)을 나타내는 양으로서 물질과는 끊으려야 끊을 수 없는 관계에 있다. 일반적으로 물리학은 물질을 연구하는 학문이므로 질량은 물리학의 온갖 분야에서 본질적인 역할을 수행한다.

질량은 물리학의 긴 역사 속에서 뉴턴이나 아인슈타인을 비롯한 많은 과학자들의 사고의 대상이 되었고, 오늘날에는 완전히 과학의 세계에 정착하였다. 우리들은 질량을 시간이나 공간과 함께 우주가 개벽했을 때 신께서 주신 것이라고 아무런 의심도 없이 받아들여 온 것이다.

물질이란 무엇인가?

그럼 다시 한 번 처음의 질문 "물질이란 무엇인가"를 상기해 보자.

그때는 국어사전의 설명을 예로 들어 결국 막혀 버렸는데 이번에는 조금 더 과학적인 입장에 서서 이 질문에 대응해 보고자 한다.

이야기를 구체적으로 하기 위해 물질의 대표로 '물'을 생각하여 "물이란 무엇인가?"라는 질문으로 바꿔 보자. "그것은 차갑고 잘 흐르는 액체"라는 대답은 "물질이란 '물건'이다"라는 것과 오십보백보이고 단순히 말을 바꿔 한 것에 불과하다. 이 대답이 물을 엄밀히 규정하는 건 아니라는 것은 질문과 대답을 거꾸로 해서 "차갑고 잘 흐르는 액체란?"이라고 다시 질문해 보면 바로 알 수 있다. 이 질문을 들은 모든 사람이 물을 상상하는 것은 아니기 때문이다. 주스나 오룡차를 상상하는 사람조차 있을 것이다. 물리학의 해답으로 이런 애매한 것은 곤란하다.

이러한 경우 물리학의 상투 수단은 물질을 그 구성요소, 즉 분자라든가 원자로 분해하는 것이다*. 물이라면 수소 원자 2개와 산소 원자 1개라는 것처럼 H_2O라 말하면 이것은 누가 생각해도 물밖에 있을 수 없다. 이와 같이 물질을 매크로한 수준에서 파악하는 것이 아니고, 그 하나 아래의 수준, 즉 분자-원자의 수준에서 생각하는 것이다. 이것으로 "물질이란 무엇인가"에 대한 논쟁의 수렁에서 빠져나왔다. 그러면 이것으로 "모든 것은 잘됐다!"라고 기뻐해도 되는 것일까.

〈그림 1-2〉 러더퍼드
(1871~1937)

확실히 물질을 그 구성요소인 원자로 분해하고 그것을 지정한 것이므로 정확히 물을 규정할 수 있었다. 하지만 지적 호기심이 왕성한 사람이라면 틀림없이 또 다음과 같은 의문을 가질 것임에 틀림없다. "원자란 무엇인가?"라고.

이것은 훌륭한 발상이다. 물리학은 왜, 왜, 왜……라고 철저하게 질문을 던짐으로써 진보하기 때문이다. 19세기가 끝날 무렵부터 금세기에 걸쳐 많은 물리학자가 꼭 이러한 의문을 가지면서 원자구조의 해명에 몰두하고 있었다.

원자를 해명하는 방침도 물의 경우와 변함이 없다. 우리들은 원자의 수준에서 하나 아래의 계층으로 내려가야 한다. 그렇다고는 해도 원자는 매우 작기 때문에 광학현미경으로 간단히 속을 들여다볼 수 없다. 금세기 초에 영국의 실험물리학자 러더

---

* 물질은 분자의 집합이고, 분자는 원자로 구성된다. 이처럼 물질이 수박과 같이 한결같은 구조가 아니고, 양파처럼 단계적인 구조를 갖는 것을 '물질의 계층구조'라 부른다.

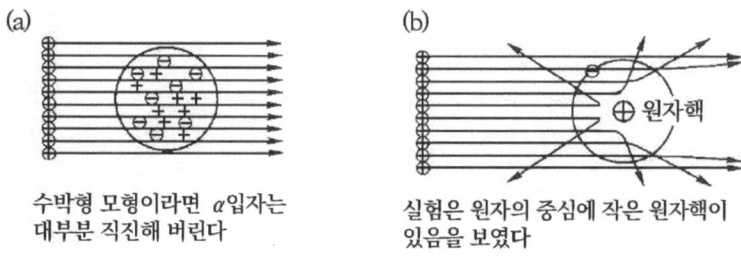

〈그림 1-3〉 러더퍼드의 α(알파) 입자 산란 실험

퍼드(1871~1937)는 교묘한 방법으로 원자의 중심에 단단한 심(芯)이 있음을 발견했다.

만일 원자의 구조가 씨 없는 수박처럼 한결같다면 거기에 미립자를 부딪쳤을 때, 그것은 원자를 관통해서 그대로 같은 방향으로 튀어 나갈 것이다. 한편 내부에 무언가 단단한 심이 있다면 미립자가 그 심에 부딪쳤을 때 쨍그랑하고 큰 각도로 튀어 나갈 것이다.

1909년 러더퍼드가 천연의 방사성 원소에서 나오는 α(알파) 입자*를 금박(金箔: 금이나 금빛 나는 물건을 두드리거나 압연하여 종이처럼 아주 얇게 눌러서 만든 것)에 충돌시켰더니 놀라운 사실이 밝혀졌다. 대부분의 알파 입자는 금박에 부딪쳐도 다소 방향을 바꿀 뿐이지만, 그 안에 큰 각도로 튀어 나가는 것이 있음을 발견했다. 이 사실은 확실히 원자의 중심에 단단한 심, 즉 원자핵이 있고 알파 입자가 심에 부딪쳐서 쨍그랑하고 튀어 나간 것을 보이는 것이다. 러더퍼드의 발견은 보어의 원자모형이

---

* 헬륨(He)의 원자핵이고, 양성자 2개와 중성자 2개로 구성된다. 천연의 방사성 물질에는 베타선(전자)이나 감마선(전자기파)을 방사하는 것도 있다.

나 양자역학의 탄생에 중요한 계기가 되었다.

극미의 세계로

원자는 그 중심에 원자핵이라 부르는 작은 덩어리를 갖고 있음을 알았다. 이 원자핵은 플러스의 전기를 띠고 있고, 정확히 그 전기를 없애기 위해 같은 양의 마이너스 전기가 존재할 것이다. 그렇지 않으면 물질이 전기를 띠게 되어 우리들은 언제나 따끔따끔한 전기 때문에 고통을 받게 된다! 물질이 갖는 전기량을 '전하(電荷)'라 부른다.

원자핵 주위에는 마이너스 전하의 전자(電子)가 돌고 있다. 마치 태양의 주위를 행성이 돌고 있는 것처럼. 이리하여 "물질이란 무엇인가?"라는 질문에 대해서 분자-원자-원자핵이라는 마이크로한 계층구조를 밝혀 왔다. 여기서 거듭 추궁하는 기세를 늦추지 않고 "원자핵이란?"이라고 의문을 던져 보자. 이 경우에도 러더퍼드의 방식으로 에너지가 높은 입자를 원자핵에 부딪쳐 쨍그랑하고 큰 각도로 튀어나오는 현상을 보면 된다. 그러한 실험은 원자핵이 양성자(陽性子)와 중성자(中性子)라는 두 종류의 입자로 이루어져 있음을 밝혔다. 양성자는 플러스의 전하를 갖고 중성자는 전기적으로 중성이라는 것도 알게 되었다. 여기에 원자핵이 확실히 양성자와 중성자로 이루어져 있음을 보이는 사진이 있다. 이것은 전하를 갖는 입자(하전 입자)의 운동을 수소안개상자라 부르는 특수한 장치로 촬영한 것이다. 기체의 수소는 섭씨 마이너스 270도에서 액체가 된다. 여기에 하전 입자를 넣으면 그 에너지가 해방되어 액체수소가 증발해 거품이 발생한다. 즉 하전 입자가 지나간 다음에 거품 입자가 나

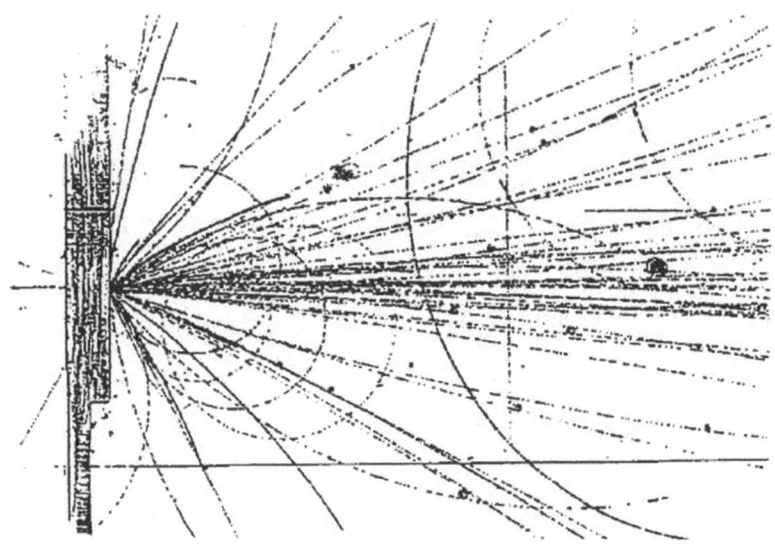

〈그림 1-4〉 왼쪽으로부터 고속의 소립자가 입사해서 금(金)의 원자핵에 충돌하였다. 원자핵이 파괴되고 다수의 소립자가 내쫓겼다

란히 늘어서 비적(飛迹: 날아간 흔적)이 남는다.

왼쪽으로부터 고속의—따라서 고에너지의—양성자가 달려와서 금박에 충돌했다. 금의 원자핵은 79개의 양성자와 118개의 중성자로 구성된다. 이 충돌 반응에서는 금의 원자핵이 파괴되어 다수의 양성자나 중성자가 방출되고 있다. 다만 중성자는 전하를 갖고 있지 않기 때문에 사진에는 찍히지 않았다. 방출되고 있는 하전 입자 속에는 양성자 이외에도 파이중간자라 부르는 수명이 짧은 소립자*도 있다.

---

* 양성자의 약 7분의 1의 질량을 갖고, 1억 분의 1초라는 짧은 수명을 갖는 소립자. 자연계에 안정하게 존재할 수는 없지만 가속기에서는 대량으로 만들 수 있다. 1934년 유카와 히데키에 의해서 예언되고 1947년 C. P. 파월에 의해 우주선 속에서 발견됐다.

이리하여 물질은 양성자, 중성자, 전자라는 3종류의 소립자 (素粒子)로 구성되어 있음을 알았다. "물질이란 무엇인가"라는 의문에 대해서 우리들은 마이크로 세계에서의 물질의 계층구조를 밝혀 가면서 소립자의 세계에까지 당도한 것이다. 그렇다면 이것으로 물질의 전부가 해명되었다고 말해도 되는 것일까. 양성자, 중성자, 전자는 물질을 구성하는 궁극의 요소인 것일까…….

대답을 먼저 하면 "아니다"이다. 현대의 물리학은 이들 소립자 앞에도 더 풍요롭고 심오한 세계가 펼쳐져 있음을 차츰 밝혀내고 있다.

그리고 이러한 물질 연구의 최전선에 뛰어나가서 물질의 참 모습에 단숨에 다가가려고 하는 것이 SSC 계획이었다.

자연을 본다

원자핵의 발견에서 러더퍼드가 사용한 수법은 마이크로 세계를 탐색하는 일반적인 방법이다. 이제까지 원자나 원자핵뿐만 아니고 소립자의 구조를 탐색하는 경우에도 항상 이 방법이 이용되어 왔다. 그러나 잘 생각해 보면 이것은 반드시 마이크로 세계만의 전매특허가 아님을 알 수 있다. 우리들은 일상생활에서 각양각색의 현상을 관찰하는 경우에도 무의식중에 같은 원리를 사용하고 있다. 물리학은 자연현상을 객관적으로 관찰하는 것으로부터 시작된다. 질량의 기원을 탐색하는 것도 다름 아닌 자연을 보다 깊게 관찰하는 행위이다. 다만 SSC와 같은 거대한 장치를 사용하는 것이지만…….

잘 알려져 있는 것처럼 인간에게는 다섯 종류의 감각—시각,

〈그림 1-5〉 감귤에 닿은 빛이 반사해서 눈에 들어오면 〈보인다〉

청각, 후각, 미각, 촉각—이 갖춰져 있다. 이 중에서 우리들은 시각, 즉 "본다는 것"을 통해서 가장 많은 정보를 얻고 있다. 덧붙여 말하면 눈을 가리면 집 밖으로 나가는 것에 불안을 느낀다. 그래서 눈으로 본다는 것의 메커니즘을 조금 더 상세하게 조사해 보자.

눈앞에 감귤이 1개 있다 하자. 먼저 감귤을 보기 위한 전제 조건으로 거기가 밝다는 것, 즉 빛이 닿고 있는 것이 필요하다. 여기서 말하는 '빛'이란 가시광선을 의미한다. 태양광선 중에는 적외선이나 자외선도 포함되어 있지만 가시광선이 가장 강하다. 우리들 눈은 그 긴 진화의 역사 속에서 가시광선에 매우 민감하게 반응하게 되었다. 그렇게 하는 것이 가장 효율성 있게 대상을 인식할 수 있기 때문이다. 이하에서는 착오가 없는

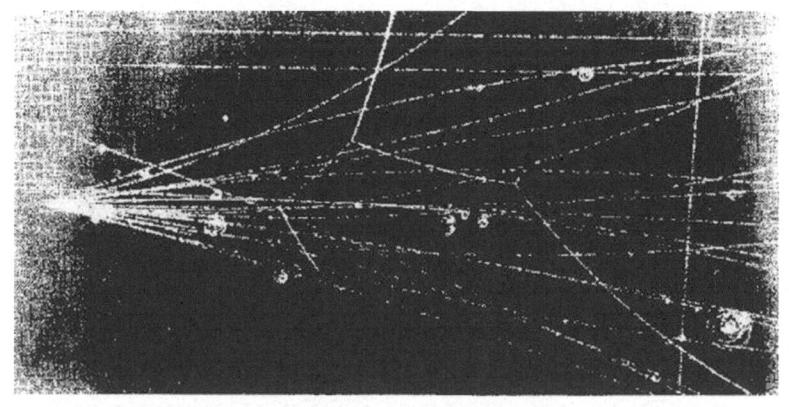

〈사진 1-6〉 파이중간자-양성자 반응의 안개상자 사진

한 가시광선을 단순히 '빛'이라 부르기로 하자.

감귤의 황색 부분에 빛이 닿으면 황색이 반사되어 눈이라는 수광(受光) 장치에 들어온다. 이 〈본다〉라는 메커니즘은 조금 더 일반적으로 다음과 같이 말할 수 있다.

첫째로 대상(감귤)에 대해서 〈들어오는 빛〉이 있다. 둘째로 그 빛이 대상과 〈상호작용〉—이 경우는 반사—해서 〈나가는 빛〉이 된다.

셋째로 이 〈나가는 빛〉이 눈이라는 수광 장치에 잡힌다.

그런데 물건의 존재를 인식하기 위해서 반드시 가시광선을 사용할 필요는 없다. 오히려 가시광선 이외의 것—예컨대 X선 등—을 이용함으로써 가시광선으로는 보이지 않았던 새로운 세계를 발견할 수 있다.

뢴트겐 촬영에서 〈들어오는 빛〉은 X선이고 그것이 신체라는 대상과 상호작용해서 〈나가는 빛〉, 즉 투과광이 된다. 그것은 필름이라는 수광 장치에 의해서 검출되고 몸속의 정보를 주는 것이다. X선은 물질을 투과하는 성질을 갖고, 따라서 가시광으로는 볼 수 없었던 물질의 내부를 관측할 수 있다.

본다는 것의 기본적인 메커니즘에 비추어 러더퍼드의 실험을 생각하자. 조사하는 대상은 원자다. 들어오는 빛(또는 나가는 빛)에 대응하는 것이 알파선이다. 알파선이 들어와 원자핵과 상호작용해서 나간다. 이것은 확실히 〈본다〉는 것의 세 가지 단계와 같지 않은가.

마지막으로 또 하나, 소립자를 보는 예를 안개상자 사진을 통해 소개하자. 왼쪽으로부터 고에너지의 파이중간자가 들어와서 멈춰 있는 양성자—이것은 사진에는 찍혀 있지 않다—와 상호작용해서 다수의 소립자가 나간다. 이 경우 나가는 빛에 대응하는 것은 다수의 소립자. 상대성 이론에 따르면 에너지는 질량으로 전화(轉化)한다*. 입사 파이중간자가 갖는 높은 에너지가 다수 소립자의 질량으로 전화한 것이다.

SSC가 지향한 것

본다는 것의 일반적인 수법을 적용해서 눈으로는 볼 수 없는 각양각색의 세계를 탐색할 수 있음을 알았다. 이들 경험으로부터 보다 높은 에너지의 빛이나 입자를 사용하면 보다 작은 세계를 관측할 수 있다는 것을 알 수 있다.

X선은 가시광선과 같은 전자기파이지만 차이점은 가시광선에 비해서 X선의 에너지가 각별히 크다는 것이다. 그래서 X선은

---

* 아인슈타인의 특수상대성 이론에 따르면 질량(M)을 갖는 물질은 빛의 속도(매초 300,000킬로미터)를 c라 하여 Mc^2에 상당하는 에너지(E)를 갖는다. 이것은 $E=Mc^2$의 관계로서 알려져 있다.

물질의 내부까지 들어갈 수 있다. 물질을 구성하고 있는 것은 원자이므로 X선과 물질의 상호작용을 통해서 원자를 보았다는 것이 된다. X선보다 1,000배 이상 에너지가 높은 알파 입자로는 원자핵을 볼 수 있을 것이고, 거듭 에너지가 높은 소립자를 사용하면 소립자의 세계를 관측할 수 있는 것이다. 이 논의를 진행시켜 가면 소립자보다 작은 세계, 예컨대 질량의 기원을 떠맡는 힉스 입자를 발견하려면 이제까지는 없던 높은 에너지를 발생하는 가속기가 필요하다는 것을 알 수 있을 것이다.

에너지를 측정하는 단위에 전자볼트(electron Volt, eV라고 줄인다)라 부르는 단위가 있다. 지금 2개의 전극에 전압이 1볼트인 전지를 연결한다. 이 전극 사이에 단위의 전하로서, 예컨대 1개의 전자를 놓아 보자. 전자의 전하는 마이너스이므로 전자는 플러스 전극에 끌려서 움직이기 시작한다. 이때 전자가 얻는 운동 에너지를 1전자볼트(1eV)라고 부른다. 보통 분자, 원자, 소립자 등의 에너지는 전자볼트로 표현된다. 에너지가 1,000배 증가할 때마다 1keV=1,000eV, 1MeV=1,000keV, 1GeV=1,000MeV, 1TeV=1,000GeV(1조 전자볼트)와 같이 새로운 단위를 사용한다.

〈본다는 것〉의 기본적인 수법에 입각해서 물질의 궁극에 다가서려고 하는 연구는 가속기와 측정기에 의해서 행해진다. SSC와 같은 충돌형 가속기는 2개의 소립자를 높은 에너지로 가속하여 충돌시키는 장치, 즉 본다는 것의 제1, 제2의 단계를 실현하는 장치이다. 충돌하고 상호작용해서 나가는 소립자는 충돌점의 주위에 배치된 측정기에 의해서 관측되고 제3의 단계가 완료된다.

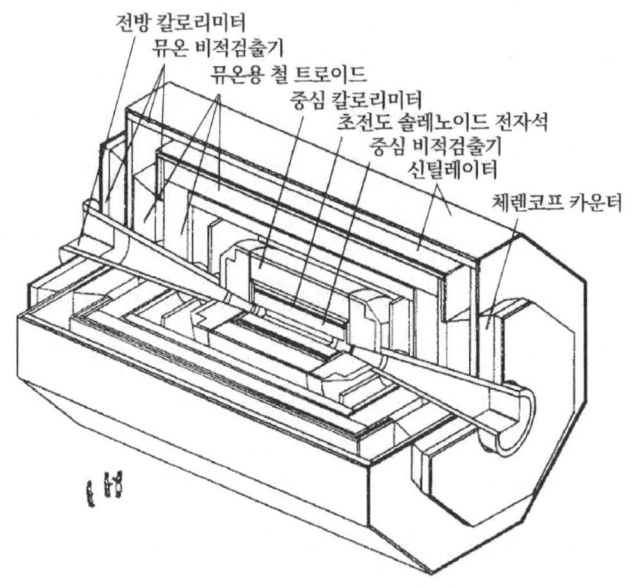

〈그림 1-7〉 SDC 측정기의 개념도

　오늘날에 있는 최대급의 양성자-양성자 충돌형 가속기는 둘레길이가 6킬로미터 정도이고 양성자를 500GeV~1TeV까지 가속할 수 있다.

　이에 반해서 SSC는 양성자의 에너지가 20TeV, 둘레길이가 87킬로미터이고 거기에 길이 10미터 이상의 초전도 자석이 약 1만 개 배열될 예정이었다. SSC는 이제까지의 가속기 규모를 한 자릿수 이상이나 상회할 예정이었다. 그것은 크게 펼친 에너지의 그물이고 미지의 세계에 잠재하는 여러 가지 현상을 단숨에 포획하려는 장대한 계획이었다. 힉스 입자의 질량은 수백 GeV에서 1TeV 부근일 것이라 예측된다. 이제까지의 검토에 따르면 힉스를 실험으로 확실히 포착하기 위해서는 20TeV

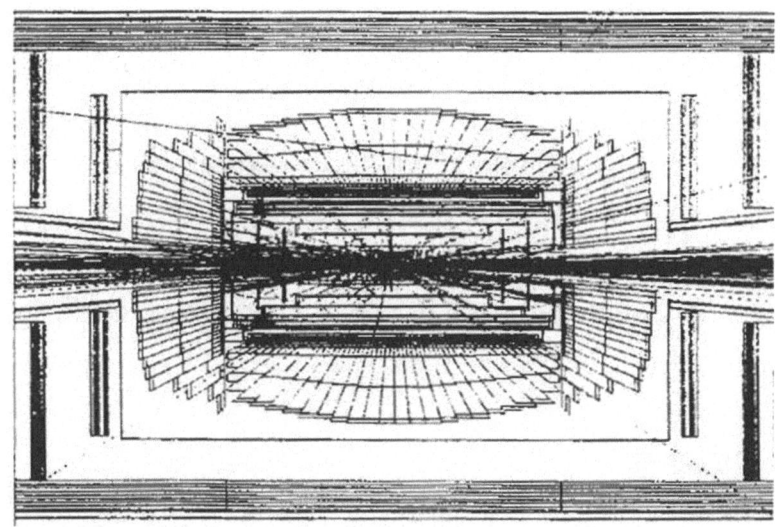

〈그림 1-8〉 SSC 실험에서 관측될 예정이었던 충돌 반응의 계산기 시뮬레이션. 좌우에서 날아온 20TeV의 양성자끼리 중심에서 충돌하여 다수의 소립자를 발생시켰다

라는 에너지가 필요하고, 따라서 이 규모의 가속기를 건설해야만 한다.

거대화(巨大化)는 가속기에만 해당되는 것이 아니다. SSC와 같이 높은 에너지가 되면 충돌에 의해서 생성되는 소립자는 막대한 수가 된다. 1초간에 1억 회의 충돌이 일어나고 1회의 충돌로 평균 200개의 소립자가 발생한다. 이들 소립자가 갖는 각양각색의 정보—에너지, 속도, 운동량*, 질량 등—를 모두 정밀도가 높게 관측하기 위해서는 많은 종류의 검출기를 내포한

---

* 질량에 속도를 곱한 양. 어떤 운동량을 갖는 하전 입자는 자기장 속에서 굽어지고, 그 회전의 반지름은 운동량에 반비례한다. 따라서 입자의 비적을 관측해서 회전반지름을 구하면 운동량을 결정할 수 있다.

복잡하고 대형인 측정기가 만들어져야 한다. SSC 실험에 사용되는 측정기로서 일본과 미국의 연구자를 중심으로 하여 SDC(Sorenoidal Detector Collaboration) 측정기*의 공동건설이 진행되고 있었다. 이것은 〈그림 1-7〉에서 보는 것처럼 길이가 30미터, 총중량 3만 톤이고 10종류 이상의 검출기가 짜 넣어져 있다. 〈그림 1-8〉은 20TeV인 2개의 양성자가 정면충돌했을 때에 발생하는 소립자를 계산기 시뮬레이션에 의해서 재현한 것이다.

인류의 꿈

"어머, 큰일이야! 몸무게가 1킬로그램이나 늘었어"라고 마치 큰 사건이라도 일어난 것처럼 깜짝 놀라는 아가씨. "야아, 값이 싸다. 이렇게 좋은 쇠고기가 100그램에 1,500원이라니. 오늘 저녁은 전골이나 해 먹자"라고 빙그레 웃는 어머니. "야단났는데. 요즘 과음을 했어. 체중도 늘었다. 허리띠의 구멍도 하나 이동시켰고"라고 침울한 얼굴을 하고 볼록 튀어나온 배를 만지는 아버지……. 이상과 같이 '질량'은 그만큼 우리들 일상생활의 온갖 장면에 나타난다.

이야기는 바뀌어서 과학의 세계. 여기서도 질량은 온갖 분야에 나타난다. 물리학은 말할 것도 없고 자동차 등을 설계할 때 기초가 되는 기계공학, 빌딩이나 집을 지을 때 필요한 건축공학, 미량의 물질을 상대로 하는 화학을 비롯하여 의학, 우주공

---

* 관 모양으로 감긴 코일을 솔레노이드 코일이라 부르는데, 그것을 내장한 측정기다. 코일에서 발생한 자기장에 의해서 하전 입자의 운동량을 측정한다.

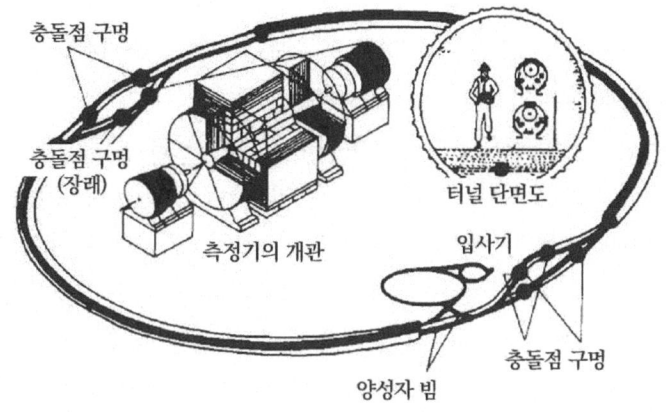

〈그림 1-9〉 SSC 가속기의 개념도

학, 전기공학 등 질량은 직접 또는 간접으로 관계하고 있다.

그토록 기본적인 물리량인 질량. 그리고 그것이 기본적이기 때문에 누구도 그 존재에 일말의 의문조차 가진 일이 없었던 질량. 하지만 뜻밖에도 이 질량이라는 얼핏 보기에 별다를 것도 없을 것 같은 개념 속에 현대물리학의 중요한 과제가 숨겨져 있다.

그런데 현대의 물리학은 자연을 지배하는 가장 근본적인 법칙을 탐색하고 있다. 물리학자들은 우주에 일어나는 모든 현상을 하나의 기본 법칙으로 이해하려고 생각하고 있다. 조금 염치없는 이야기지만 이것이야말로 세계의 물리학자들이 지금 진지하게 몰두하고 있는 중요한 과제인 것이다. 이 이론은 온갖 현상을 통일적으로 기술(記述)하려는 것으로 '통일 이론'이라든가 '대통일 이론'이라 부르고 있다. 이 이론은 현재까지 관측되어 온 각양각색의 실험 결과를 모순 없이 설명할 수 있기 때문에 소립자의 가장 표준적인 사고 방법으로서 '표준모형'이라고도 일컬어진다. 처음에 소개한 힉스에 대한 신문기사도 표준모형 속에서 논의되고 있는 내용이다.

그러한 사정이므로 표준모형의 입장에 서면 질량조차도 더 기본적인 법칙으로부터 유도할 수 있다는 것이 된다. 표준모형은 처음에 질량이 없는 원시 물질이 있었고, 그 후 어떤 기구(機構)―이것을 힉스 기구라 한다―에 의해서 물질이 질량을 획득했다고 주장하고 있다. 이 표준모형의 예측을 실험적으로 검증하고 질량의 기원을 밝히려는 것이 에너지-프런티어를 지향하는 대가속기 계획이다. 이러한 세계 최고 에너지를 지향하는 가속기 계획으로서는 SSC 이외에 유럽합동원자핵연구기관(세른)의 대형 하드론 충돌형 가속기(LHC) 계획이 있다. 그러나 1993년 10월 미국 의회는 미국 경제의 현 상황이 극히 냉엄한 상황에 있다는 이유에서 SSC 계획의 중지를 결정했다.

질량은 또한 물질이 갖는 중요한 속성(屬性)의 하나이고 물질과의 관계 속에서 논의되고 연구되어 왔다. 그래서 질량의 기원을 밝히는 것은 물질 연구라는 보다 넓은 시점(視點)에 서서 생각해야 한다. SSC, LHC 등의 대가속기 계획*에는 물질에 빛을 쬐어 그 궁극적 세계와 질량의 기원을 밝은 곳으로 내놓는다는, 인류가 먼 옛날부터 품어 온 꿈이 걸려 있다.

---

* 21세기를 지향하는 대가속기 계획에는 LHC 이외에 일본에서는 JLC (Japan Linear Collider)가 검토되고 있다. JLC에 대해서는 8장을 참조하기 바란다.

2장
질량이란 무엇인가

질량과 무게

1장에서는 질량의 설명으로 국어사전의 내용 "질량이란 물질의 양이다"를 소개했다. 물론 이것은 말을 바꿔 한 데 불과하므로 질량의 정의를 조금 더 과학적인 입장에 서서 생각하기로 하자.

먼저 질량이라 해도 그 정의는 하나가 아니라는 것을 주의하자. 이러한 것이 질량의 개념을 안 것 같으면서도 어쩐지 종잡을 수 없다고 느끼는 원인이 되는지도 모른다. 그래서 "질량이란 여차여차하다"라는 정의는 다음으로 미루기로 하고 조금 더 실제적인 면을 고찰하면서 질량에 관련된 지식을 정리하기로 하자.

물질의 양이라 했을 때 그것을 측정하는 방법에는 〈무게〉—이를테면 〈중량〉—가 있다. 중량이 2배가 되면 물질의 양도 2배가 된다. 그 이유는 매우 상식적인 판단일 것이다. 천칭이나 용수철 저울로 무게를 재는 것은 일상적으로 체험하고 있는 것이므로 "질량이란 무게로 측정할 수 있는 물질의 고유의 양이다"라고 말하면 안심할 수 있지 않을까. 다만 질량이 무게는 아니라는 것에 주의할 필요가 있다. 이러한 주석을 붙이면 모처럼의 안심이 날아가 버릴지도 모르지만 위에서 언급한 정의는 어디까지나 질량을 측정하는 수단, 방법이라는 것을 잊지 말기 바란다.

쇠로 만든 공을 손바닥에 올려놓아 보면 손에 와 닿는 묵직한 반응, 즉 무게를 느낀다. 그 무게는 쇠로 만든 공과 지구 사이의 중력에 의해서 야기되는 것이고, 말하자면 〈외적인 양〉이라 할 수 있을 것이다. 이에 반해서 질량은 물질 바로 그것이 원래 갖고 있는 〈내적인 양〉이다. 질량과 무게에는 이러한 개념상의 차이가 있고 따라서 붙이는 단위나 차원이 달라도 된다.

하지만 곰곰이 생각해 보면 이러한 논의는 어쩐지 이치에 맞지 않는 이론 같은 기분이 든다. 첫째, 무게와 질량이 항상 비례하고 있다면, 즉

[무게] = k × [질량]

이라면 비례상수(k)를 1로 잡아서

[무게] = [질량]

이 되는 것은 아닌가. 결국 언제나 질량 대신에 무게를 대용할 수 있는 것은 아닌가. 그렇다면 질량이라는 뜻도 모르는 개념은 잊어버리고, '무게'의 외적, 내적인 양쪽 성질을 덮어씌운다면 어떨까. 이러한 식으로 반론해 보고 싶기도 하지만······.

과연 질량을 무시하고 무게만으로 통일해 버려도 그렇게 곤란하지 않을지 모른다. 그래서 두 가지 개념이 각각 독립적으로 의미를 갖기 위해서는 위에서 언급한 비례관계가 깨져 있다는 것이 필요하다. 그러한 일이 있는 것일까?

튀어 오르는 비행사

사실은 시야를 지구 이외의 천체로 돌리면 그러한 일이 실제로 일어날 수 있다. 예컨대 몸무게 60킬로그램의 사람이 달에 갔다 하자. 그 사람의 무게는 약 6분의 1, 즉 10킬로그램이 된다. 중력이 6분의 1이 된 것이므로 중력이라는 외적인 원인에 따른 무게도 6분의 1이 된다는 것은 당연하다. 달에 착륙한 우주비행사는 매우 가뿐히 튀어 오를 수 있다.

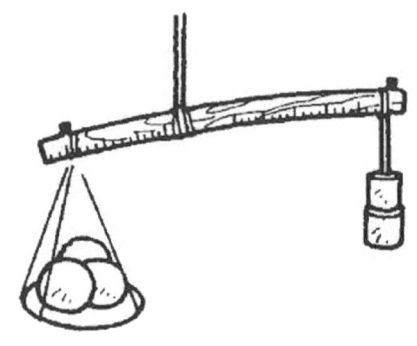

〈그림 2-1〉 채소 가게의 막대 저울(위)과
천칭(아래)

하지만 비행사가 가벼워졌다고 해서 그 질량이 작아진 것은 아니다. 질량은 어디까지나 비행사라는 물질 고유의 〈내적인 양〉이므로 그것은 달의 표면상이건, 우주 속 무중력 상태의 장소이건 일정불변, 즉 60킬로그램 그대로라는 것이 된다. 이러한 사정을 조금 더 정량적으로 표현하면 다음과 같이 된다.

앞에서 말한 질량과 무게의 관계식에서, 지구상에서는 k=1이라 해 본다. 이것은 질량과 무게의 값이 같다는 것, 즉

[무게] = [질량]

을 의미한다. 그런데 달 위에서는 무게가 6분의 1이 된 것이므로 k=1/6, 즉

　　[무게] = 1/6[질량]

이 된다. 엄밀하게 말하면 지구상에서도 중력은 장소에 따라 다르다. 그래서 비례상수 k의 값은, 가령 그것이 지구상이었다 하더라도 장소가 다르면 다른 값이 된다.

　이와 같이 비례상수에 일정한 값을 잡을 수 없다면 이미 질량을 무게로 대신할 수 없다. 여기서 말한 구체적인 예에 의해서 질량과 무게의 개념 차이를 희미하게나마 알 수 있었는지.

　그런데 k가 정해지지 않는다면, 다시 질량은 어떻게 해서 측정하는가 하는 의문이 생긴다.

　무게 쪽은 중력이라는 힘의 측정에 의해서 결정할 수 있으므로 문제없다. 한편 질량이라는 내적인 양은 〈무게와의 비례관계〉라는 유일한 길에 의해서 우리가 인식할 수 있는 세계로 통하고 있다. 그러나 k가 정해지지 않는다는 것은 그 길이 닫혀버렸다는 것을 의미한다.

　이 궁지를 벗어나기 위해 예부터 있는 측정기인 '천칭'을 등장시키자. 내가 어렸을 적에 채소 가게에서는 과일이나 야채를 측정하는 데 '막대 저울'이 사용되고 있었다. 막대의 한쪽 끝에는 접시가 매달려 있고 거기에 측정하려는 야채나 과일을 올려놓는다. 받침점을 사이에 두고 막대의 반대쪽에는 눈금이 붙어 있고 저울추를 움직이면서 정확히 균형이 잡힌 부분을 읽도록 되어 있다. 막대 저울의 원리는 천칭과 같지만 원리가 단순하

기 때문에 질량의 결정에 대해서 위력을 발휘하는 것이다.

천칭은 사진에서 보여주는 것처럼 좌우의 접시에 측정하려는 물체와 분동을 얹고 그들 힘이 균형 잡히게 하는 장치다. 천칭의 넓이는 지구의 규모에 비하면 충분히 작기 때문에 좌우 접시의 중력 차이는 무시해도 된다. 결국 물체와 분동을 같은 장소에서 비교하고 있다고 간주할 수 있고, 따라서 질량과 무게가 비례한다—즉 k가 일정—고 생각해도 지장이 없다. 이렇게 되면 "됐다"이다. 천칭 덕분에 이제까지 닫혀 있던 〈질량과 물체의 비례관계〉라는 길이 열렸다.

중력질량의 결정

단위 분동의 무게를 결정해서 그것을 단위질량이라 하면 그 분동과의 비교로부터 물체의 질량을 결정할 수 있다. 지겹도록 되풀이하는 것 같지만 질량과 무게의 개념 차이를 분명히 하기 위해 이것을 조금 더 엄밀하게 설명해 두자.

먼저 분동과 물체에 대해서 각각

[분동의 단위질량] = k × [분동의 단위무게]

[물체의 질량] = k × [물체의 무게]

가 성립한다. 여기서 분동에 대해서도 물체에 대해서도 k의 값은 바뀌지 않는다는 것에 주의한다. 왜냐하면 분동과 물체는 같은 장소에 있고, 따라서 양자에 작용하는 중력은 같기 때문이다.

이 2개의 식을 나눗셈하여 k를 소거하면

2장 질량이란 무엇인가 37

〈그림 2-2〉 국제 킬로그램 원기

[물체의 질량] = [분동의 단위질량] × $\dfrac{[물체의 무게]}{[분동의 단위무게]}$

를 얻는다. k의 값은 임의로 잡을 수 있지만 여기서는 간단히 하기 위해 k=1로 해 두자. 그래서 분동의 단위무게를 1킬로그램이라 정하면 그에 대응해서 분동의 질량은 1킬로그램이 된다. 천칭으로 물체의 무게를 측정했을 때 10킬로그램이었다면 위의 식에서 물체의 질량은 10킬로그램으로 결정된다. 마찬가지의 것을 달 위에서 해도 분동으로 측정하는 한 결과는 바뀌지 않는다. 확실히 달 위에서 중력은 6분의 1이 되지만, 그것은 분동에 대해서도 물체에 대해서도 마찬가지로 작용한다.

미터법이 제정된 당초는 1기압, 섭씨 4도의 물 1,000세제곱센티미터의 질량을 1킬로그램이라 정의하였지만 오늘날에는 물이 아닌 '국제 킬로그램 원기'에 의해서 결정하고 있다. 또한 섭씨 4도의 물 1,000세제곱센티미터의 질량은 0.999972킬로그램이다. '국제 킬로그램 원기'는 백금 90-이리듐 10의 합금으로 만들어진, 높이와 지름이 약 39밀리미터인 원기둥이고 1899년 제1회 국제도량형총회에서 원기로 인정됐다. 현재 프랑스-세이블의 국제도량형국에 보관되어 있다(그림 2-2).

그리고 천칭이라는 얼핏 보기에 원시적인 장치에 의해서 질량을 결정할 수 있었다. 천칭의 원리는 정지된 물체에 작용하는 중력을 이용하고 있으므로 이와 같이 결정된 질량을 '중력질량'이라 부른다.

관성이란

처음에 언급한 것처럼 질량의 정의는 한 가지가 아니다. 이제부터 말하는 또 하나의 질량은 물체의 운동으로부터 정의되는 것으로 '관성질량'이라 부른다. 한마디로 말하면 〈질량이 큰 물체는 움직이기 힘들고 반대로 질량이 작은 물체는 움직이기 쉽다〉라는 성질을 이용해서 질량을 결정하는 것이다. 이 단계에서는 애매한 표현이겠지만 이것이야말로 가장 중요한 질량의 정의라는 것을 염두에 두기 바란다. 그래서 우선 물체가 〈움직이기 쉽다, 움직이기 어렵다〉라는 것을 조금 더 파고들어가 생각하기로 하자.

16세기에서 17세기에 걸쳐서 활약한 이탈리아의 물리학자 갈릴레오 갈릴레이는 물체의 운동에 대해서 과학적인 연구를 한 최초의 사람이다. 그때까지는 운동하고 있는 물체는 차츰 속도를 잃고 정지해 버린다고 생각하고 있었다. 그런데 갈릴레오는 밖에서 힘을 받지 않으면 정지(靜止) 상태 또는 처음의 속

2장 질량이란 무엇인가 39

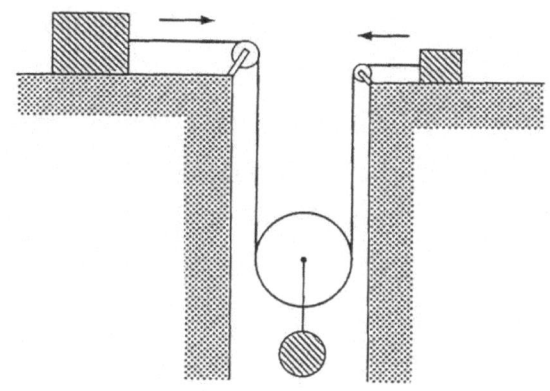

〈그림 2-3〉 마찰 제로의 책상 위에 놓인 물체를 추를 붙인 도르래로 끌어당긴다

도를 언제까지나 유지하는 성질이 물체에 있음을 발견했다. 이 성질이 '관성'이다.

예컨대 얼음 위에서는 얼음과 물체의 마찰이 매우 작기 때문에 물체는 상당히 긴 거리를 미끄러질 수 있다. 만일 마찰이 제로면 물체는 처음의 속도를 유지한 채로 어디까지나 똑바로 운동을 계속한다는 것이다. 지상의 운동에서 마찰이 제로라는 것은 일어날 수 없지만 무중력 상태에서, 게다가 희박한 가스의 우주공간에 떠다니는 로켓은 밖에서 전혀 힘이 작용하지 않는다고 생각해도 될 것이다. 이때 로켓은 엔진을 분사(噴射)하지 않아도 처음의 속도로 계속 날아간다.

정지 상태인 물체의 속도는 제로라고 생각할 수 있기 때문에 관성을 다음과 같이 말할 수도 있다. "관성이란 원래의 운동 상태를 변화시키지 않으려는 물체 고유의 성질이다."

물체의 운동에 대해서 상세히 고찰한 사람은 아이작 뉴턴이다. 만유인력의 발견자로서 유명한 뉴턴은 갈릴레오의 관성의 법칙을 포함해서 운동의 일반적인 성질을 정량적으로 기술하는 '뉴턴의 운동방정식'을 유도했다. 그런데 물체에 힘이 작용하지 않으면 물체는 처음의 속도—정지 상태는 속도 제로라 생각해도 된다—를 유지하고 운동을 계속한다는 것이라면, 만일 물체에 힘이 작용하면 물체의 속도는 변화해서 운동 상태가 바뀐다는 것이 된다. 이때 속도가 변화하는 비율을 '가속도'라 부른다. 즉 운동 상태를 바꾸려고 생각하면 힘을 가해서 가속도를 발생시킬 필요가 있다. 힘이 크면 운동 상태도 그만큼 크게 변화하고 따라서 가속도도 커진다.

　질량이 다른 2개의 물체에 같은 힘을 가했을 때 그 운동 상태(속도)의 변화는 질량의 대소에 따라서 달라진다. 예컨대 그림과 같이 매끄러운(마찰이 제로) 책상 위에 놓인 크고 작은 2개의 물체를 실로 연결하고 추를 붙인 도르래에 의해서 서로 끌어당긴다. 그러면 질량이 작은 물체는 빠르게 움직이고 질량이 큰 물체는 느리게 움직인다. 어렸을 적에 씨름을 해 본 사람은 몸집이 큰 상대방은 밀어도 끌어도 좀처럼 움직이지 않는다는 것을 몸으로 체험했을 것이다. 이처럼 질량이 큰 물체는 원래의 상태(속도)가 변화하기 힘들므로 관성도 크다는 것이 된다.

　같은 힘을 작용시켰을 때 질량이 크면 가속도는 작고 반대로 질량이 작으면 가속도는 크다는 것은 질량과 가속도가 반비례하다는 것을 의미하고 있다.

　이제까지의 논의를 정리하면 다음과 같다.

1. 힘은 가속도에 비례한다.
2. 관성의 크기는 질량에 비례한다.
3. 힘을 일정하게 했을 때 질량과 가속도는 반비례한다.

또 하나의 질량

물체의 운동에 관한 이들의 지식을 바탕으로 하여 뉴턴의 운동 제2법칙

[힘] = [질량] × [가속도]

를 유도할 수 있다. 이 식에서 질량은 관성의 크기에 비례하므로 이것을 '관성질량'이라 부른다. 결국 이것은 물질의 고유의 양이라는 의미에서 질량이고, 관성의 척도가 된다는 의미에서 관성질량이라 부를 수 있다.

관성질량은 물체의 운동에 관계하는 관성이라는 성질, 즉 〈움직이기 어려움〉이라든가 〈멈추기 어려움〉으로부터 결정된 양이다. 그것은 중력을 이용해서 결정된 '중력질량'과는 전혀 별개의 근거에서 정의된 양이기 때문에 양자는 일단 별개의 것으로 생각해 두기로 하자. 관성질량은 물체의 운동에 따라서 결정되므로 중력이 있고 없고는 관계하지 않는다. 그것은 지구 상이건 달 위건 우주의 어디서나 측정할 수 있다.

관성질량이 나타나는 예로 갈릴레오, 데카르트, 하위헌스 등에 의해서 도입된 '운동량'을 설명해 두자. 이것은 〈운동의 힘〉을 나타내 보이는 양이고

[운동량] = [관성질량] × [속도]

〈그림 2-4〉 쇠공, 탁구공, 신칸센에서는 속도가 같아도 관성력이 다르다

와 같이 표현된다. 속도가 일정해도 관성질량이 다를 때, 예컨대 탁구공과 쇠공이 같은 속도로 달리고 있는 경우에는 당연히 쇠공 쪽이 운동의 힘이 세다. 또 같은 관성질량을 갖는 물체라면 속도가 빠른 쪽이 운동의 힘이 세다는 것이 된다.

관성이란 관성질량이라는 물체 고유의 양으로 표현되고, 그것이 운동을 하고 있는지 정지하고 있는지에 관계없이 물체의 상태가 〈바뀌기 힘든 정도〉를 나타내는 양이었다. 이에 반해서 운동량은 어디까지나 물체의 운동에 관계되는 양이다. 속도라는 양은 상대적인 양이고 물체에 내재한 고유한 양일 수는 없다. 예컨대 시속 200킬로미터로 달리고 있는 신칸센(新幹線)의 경우 그것은 어디까지나 지상의 사람이 본 속도이다. 그런데 신칸센에 타고 있는 승객으로서는 〈신칸센은 멈춰 있다〉는 것이 된다. 그러면 물체의 기본적인 양으로서의 관성질량은, 운동이라는 얼핏 보기에 종잡을 수 없을 것 같은 현상―사실은 그렇지 않지만―으로부터 어떻게 결정할 수 있는 것일까.

  2개의 물체, 물체 1과 물체 2가 있다. 여기서 물체 2는 관성질량을 알고 있는 표준물체라 하고, 물체 1의 관성질량을 결정하는 것이라 한다.

  이하의 논의에서 물체 1과 물체 2에 관한 물리량에는 첨자(添字: 변수를 나타내기 위하여 덧붙이는 문자) 1, 2를 붙여서 구별한다.

  물체 1, 물체 2에 같은 힘이 미쳤을 때, 예컨대 앞의 〈그림 2-3〉과 같은 경우를 생각하면 위에서 말한 운동의 제2법칙으로부터

    [힘] = [관성질량 1] × [가속도 1]

    [힘] = [관성질량 2] × [가속도 2]

가 성립한다. 그래서 이 2개의 식을 같다고 놓고

    [관성질량 1] × [가속도 1] = [관성질량 2] × [가속도 2]

  이것을 변형하면

    [관성질량 1] = ([가속도 2]/[가속도 1]) × [관성질량 2]

가 얻어진다. 관성질량 2는 알고 있으므로 물체 1의 가속도 1, 물체 2의 가속도 2를 측정하면 관성질량 1을 결정할 수 있게 된다. 가령 표준물체의 관성질량을 1킬로그램(kg)이라 하면 관성질량 1은

[관성질량 1] = [가속도 2] / [가속도 1](kg)

과 같이 결정할 수 있다.

두 개의 질량

전혀 다른 방법으로 2개의 질량, '중력질량'과 '관성질량'이 정의되었다. 그래서 당연히 다음과 같은 의문이 생긴다. "질량에 2개의 정의가 있으면 불편해서 견딜 수 없다. 도대체 우리는 그 2개를 어떻게 구분해서 사용하는가?"라고.

참으로 당연한 의문이다. "물체에 중력이 작용하고 있을 때는 중력질량, 물체가 운동하고 있을 때는 관성질량을 사용하라"라고 말하는 건 너무 불친절하다. "그렇다면 지구상의 물체의 운동은 어떻게 되는 것인가. 그 물체는 운동도 하고 있고 중력도 작용하고 있는 것이 아닌가"라고 반론할 것이다.

하지만 걱정할 것 없다! 다행스럽게도 결국 이 양자는 일치하는 것이다. 이것에 대해서는 다음 절에서 상세히 설명하기로 하고 여기서는 조금 더 관성질량의 중요성에 대해서 언급해 두자.

1장에서 물질은 원자나 소립자라는 미소한 요소로 구성된다는 것, 그리고 "물질이란 무엇인가"라는 의문에는 물질을 보다 기본적인 요소로 분해해서 생각할 것을 강조했다. 이러한 〈분해주의〉의 입장에 서면 물질의 질량에 대해서도 그 기원을 소립자 등의 질량에서 구한다는 것이 된다. 그래서 다음 문제는 소립자처럼 미소한 것의 질량은 어떻게 해서 측정하는가다.

전자나 양성자처럼 자그마한 것을 천칭에 올려놓을 수도 없다. 만일 막대한 수의 소립자를 한 종류만 모을 수 있으면 그

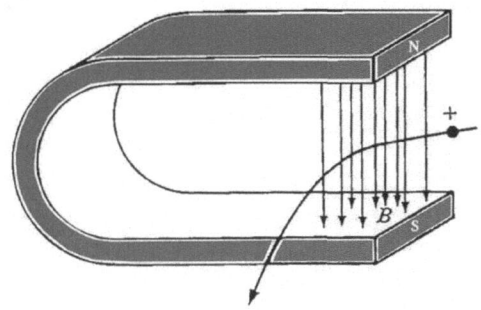

〈그림 2-5〉 하전 입자(양성자)는 자기장에 수직인 평면을 따라 굽는다

것을 천칭으로 측정할 수 있겠지만 유감스럽게도 전자나 양성자를 순수하게 많이 모을 수는 없다. 다만 원자나 분자가 되면 이야기는 별개이고, 예컨대 산소 원자라면 기체(O_2) 22.4리터— 이것은 1몰에 상당한다—를 모아서 측정하면 그 중력질량을 16그램이라 결정할 수 있다. 이때의 산소 분자 수는 아보가드로 수 6×10^{23}에 상당한다. 결국 10의 23자릿수라는 엄청나게 많은 분자를 모으지 않으면 측정할 수 있는 질량이 되지 않는다. 바꿔 말하면 분자의 질량은 그만큼 작다는 것이 된다.

그러나 전자나 양성자 한 알씩의 관성질량은 다음과 같이 측정할 수 있다. 여기서도 기본적인 사고 방법은 뉴턴의 운동 제2법칙에 있다. 즉 1개의 소립자*에 일정한 힘을 가했을 때 그 속도의 변화인 '가속도'를 관측해서 관성질량을 결정하는 것이다.

---

* 여기서는 전자, 양성자 등 단독으로 관측할 수 있는 입자를 소립자라 부르기로 한다. 쿼크는 단독으로는 측정되지 않으므로 지금은 제외시킨다.

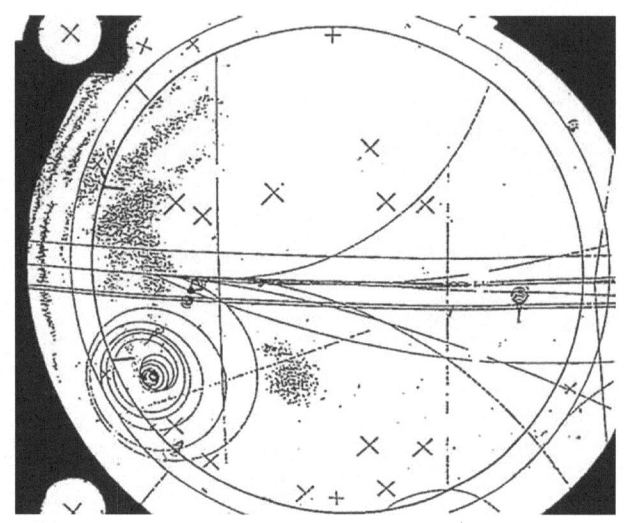

〈그림 2-6〉 소립자 반응으로 만들어진 여러 가지 소립자가 자기장 속에서 운동하는 모양

 전기를 띤 소립자(하전 입자)를 자기장 속에 유도하면 소립자는 자기장으로부터 힘을 받아 진로가 굽는다. 지금 위에서 아래로 어떤 세기의 수직의 자기장이 걸려 있고 거기에 일정한 속도를 가진 양성자가 오른쪽에서 들어온다고 하자(〈그림 2-5〉 참조). 그러면 양성자에는 궤도에 직각으로 힘(로런츠 힘)이 작용해서 그 궤도가 바로 앞의 방향으로 굽는다. 그래서 궤도가 굽는 방식을 측정하면 관성질량이 결정된다는 것이다. 〈그림 2-6〉은 소립자 반응으로 만들어진 여러 가지 소립자가 자기장 속에서 운동하는 모양을 보여준다.
 이와 같이 천칭으로는 측정할 수 없는 소립자의 질량이라도 역학적인 방법으로 결정할 수 있다. 이리하여 결정된 질량은 '관성질량'이고, 이것에서도 관성질량은 중력질량에 비해 보다 넓은 적용 범위를 가지는 질량 개념임을 알 수 있다.

에토베슈의 실험

 무게를 느끼는 것인 중력질량과 관성으로서의 관성질량은 전혀 관계가 없는 정의로부터 출발한 개념이므로 이 2개가 일치해야 하는 필연적인 이유는 어디에도 없다. 이것저것 생각해도 2개의 개념 사이의 특별한 관계가 짐작이 가지 않는다. 이럴 때 과학자는 고민하는 대신 실험으로 확인하려 한다. 2개의 질량의 배후에는 지금은 모르지만 무언가 깊은 관계가 있을지도 모른다. 만일 실험에 의해서 수치상으로 2개의 질량이 일치한다고 밝혀졌다면 이번에는 2개의 개념이 일치해야 할 이유를 진지하게 생각하면 될 것이다―조금 흐리멍덩하고 불성실한 태도로 비칠지도 모르지만 과학자에게는 그런 낙천적인 데가 있다.

 1896년 부다페스트대학의 실험물리학자 R. 에토베슈는 자신이 고안한 정밀한 비틀림 저울을 사용해서 관성질량과 중력질량의 비가 온갖 물질에서 일정한지 아닌지를 검증하려 했다. 여기서 2개의 질량이 일치하는 것까지 요구하는 게 아니고, 그 '비'가 일정하면 된다는 점에 주의하기 바란다. 결국 2개의 질량의 비가 온갖 물질에 대해서 어떠한 상황 아래서도 일치하는 것이라면, 어느 쪽인가 한쪽의 단위를 적당히 갈아붙이면 양자를 수치적으로 일치시킬 수 있다.

 지구상의 물체에는 지구의 중심을 향해서 〈중력〉이 작용한다. 그 결과 중력질량이 생기게 되는데 곰곰이 생각해 보면 그 물체에는 또 하나의 힘 〈관성력(원심력)〉이 작용하고 있음을 알 수 있다. 왜냐하면 지구는 자전(自轉)하고 있으므로 지구상의 온

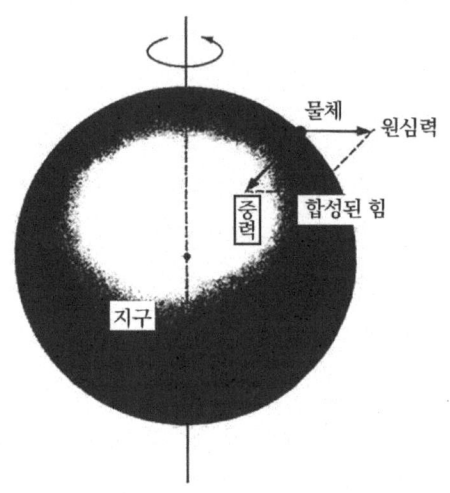

〈그림 2-7〉 지구상의 물체에서 힘의 합성

갖 물체는 원운동을 하고 있기 때문이다. 물체가 원운동을 할 때 밖으로 향하는 힘, 즉 원심력이 작용하는 것은 일상생활에서도 흔히 경험한다. 예컨대 자동차나 바이크(Bike)에 타고 빠른 속도로 커브를 틀려고 할 때 몸이 바깥쪽을 향해서 끌리는 그 힘이다.

〈그림 2-7〉에 보여주는 것처럼 지구상의 물체는 지구의 중심을 향해서 중력을 받는다. 이때의 질량은 중력질량이다. 또한 동시에 그 물체는 지구의 자전축 주위를 회전하고 있으므로 물체에는 밖을 향한 원심력도 작용하고 있다. 원심력은 자전이라는 가속도 운동에 의한 것이므로 거기에 나타나는 질량은 당연히 관성질량이어야 한다.

이와 같이 생각해 가면 지구상에 존재하는 모든 물체는 관성질량과 중력질량이라는 상이한 성질을 통해서 원심력과 중력의 작용을 동시에 받고 있음을 알 수 있다. 이 2개의 힘은 작용하는 방향이 다르므로 물체를 실로 매달았을 때 물체는 정확히 지구의 중심―다만 지구가 완전한 구체라 하고―이 아니고 2개 힘의 합력(合力)의 방향을 향한다. 2개 힘의 합력은 〈그림 2-7〉에 보여주는 것처럼 〈평행사변형의 방법〉에 의해서 구할 수 있다.*

일치한 질량

에토베슈는 〈그림 2-8〉에 보여주는 것처럼 상이한 종류의 물질, 예컨대 금과 알루미늄의 구를 연결한 가느다란 막대기를 실로 매달았다. 여기서 금의 구에 작용하는 원심력은 관성질량에 비례하고 중력은 중력질량에 비례한다. 마찬가지의 것이 알루미늄 구에도 적용된다. 이때 관성질량과 중력질량의 비가 금과 알루미늄에서 똑같으면 힘의 평행사변형은 서로 상사(相似: 서로 모양이 비슷함)가 되고, 따라서 두 물체의 합력은 같은 방향을 향한다(〈그림 2-8〉의 ⒜). 바꿔 말하면 만일 관성질량과 중력질량의 비가 금과 알루미늄에서 다르다고 하면, 두 물체의 합력은 상이한 방향을 향한다는 것이 된다.

그런데 이렇게 되면 금과 알루미늄의 합력이 각각 별개의 방

---

* 힘, 속도, 가속도 등의 물리량은 크기와 방향을 갖는다. 이러한 양을 '벡터(Vector)'라 부른다.

이에 반해서 무게, 길이, 온도 등은 크기만을 갖는 양이고 '스칼라(Scalar)'라 부른다. 2개의 벡터양의 합성에는 그것들을 단순히 서로 더하는 것만이 아니고 방향도 생각할 필요가 있다. 2개의 벡터로 평행사변형을 만들었을 때 대각선이 합성벡터이다.

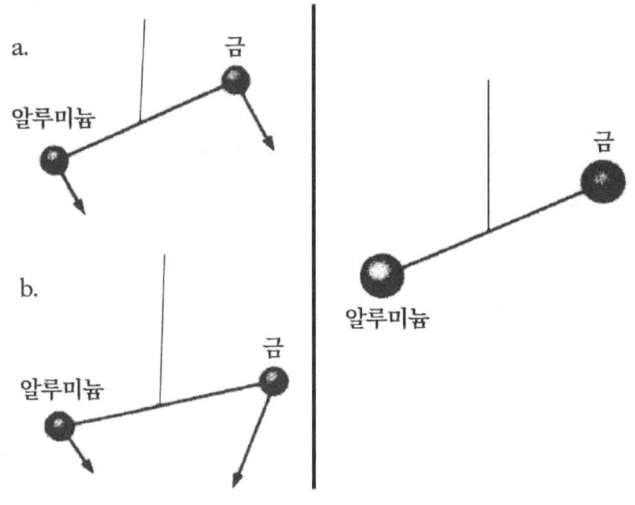

〈그림 2-8〉 에토베슈의 실험(좌)　　〈그림 2-9〉 비틀림 저울(우)

향으로 힘을 미치게 되고 균형이 잡히는 위치는 〈그림 2-8〉의 (a)에서 약간 벗어나서 〈그림 2-8〉의 (b)처럼 된다(그림은 과장해서 그려져 있다). 이 〈비틀림 효과〉야말로 관성질량과 중력질량의 비에 차이가 있는지에 대한 결정적인 근거가 될 것이다. 그리고 이 비틀림을 여러 가지 물질에 대해서 관측하면 관성질량과 중력질량이 일치하는지 아닌지를 결정할 수 있을 것이다—에토베슈는 이렇게 생각했다.

　여기서는 이 중대한 실험의 구상을 말끔히 설명해 버렸는데 현실은 그렇게 손쉬운 것이 아니다. 비틀림 효과는 아찔할 정도로 작다. 예컨대 45도의 위도에서 원심력의 크기는 불과 중력의 1,000분의 1밖에 되지 않는다. 이 1,000분의 1을 검출하는 것이라면 별로 놀랄 것도 없을 것이다. 10미터의 막대기에 대해서 1센티미터의 비틀림을 측정하면 되는 것이기 때문이다.

하지만 실험이 지향하는 것은 상이한 물질 사이 비틀림의 크기〈차이〉다. 관성질량과 중력질량의 차이는 있었다 해도 매우 작다는 것을 경험적으로 알고 있다. 만일 그 차이가 1만 분의 1이었다고 하면 비틀림의 측정 정밀도는 무려 1000만 분의 1이 된다! 이것은 10미터의 막대기에 대해서 1,000분의 1밀리미터의 정밀도를 필요로 한다!

실험에서는 그림의 배치로 비틀림각을 측정한 다음 장치 전체를 180도 회전시켜 다시 한 번 비틀림각을 측정하여 2개의 측정값의 차를 취했다. 이렇게 함으로써 실험 장치에 으레 따르게 마련인 오차를 작게 하여 실험의 정밀도를 올릴 수 있다.

에토베슈 등은 장치의 개선을 거듭해서 1922년 논문에서 한쪽의 물질군으로 알루미늄-마그네슘 합금, 구리, 물 등 8종류의 물질을, 다른 한쪽의 물질로 백금 및 구리를 사용해 비틀림의 차이를 구하여 물질에 따른 차이는 95퍼센트의 신뢰도로 9×10^{-9} 이하라고 결론지었다. 이 실험은 J. 렌너에 의해서 추가로 시험되어 4.2×10^{-9} 이하가 얻어졌다. 거듭 R. H. 디케 등은 태양의 만유인력의 효과가 1일 주기로 변화하는 것을 이용해서 3×10^{-11}까지 정밀도를 높였고, 같은 방법으로 V. B. 브라진스키 등은 정밀도를 거듭 한 자릿수 향상시켰다.

이들 일련의 실험에 의해서 1조 분의 1이라는 극히 높은 정밀도로 관성질량의 값이 중력질량의 값에 비례하는 것이 확인됐다.

아인슈타인의 등장

실험에 의해서 우리는—적어도 수치상으로는—관성질량과 중력질량이 일치하는 것을 알았다. 그러나 이 일치하는 것은 어디까지나 표면적이어서 관성질량과 중력질량이라는 개념 그 자체가 동등하다는 것이 실증된 것은 아니다. 1조 분의 1이라는 정밀도를 어떻게 받아들이는가―여기서 두 가지 길이 있다.

첫째는 수치의 일치는 우연이고 2개의 질량은 기본적으로 상이한 개념이라는 사고를 끝까지 밀고 나가는 입장이다. 둘째는 수치의 일치가 이렇게 좋은 것이라면 〈두 질량은 엄밀하게 일치한다〉라고 해 버리자는 입장이다. 이제까지의 논의로부터는 2개의 입장 중 어느 쪽이 옳은지 판정을 내릴 수 없다.

이러한 경우 그 입장에서 출발해 이론체계를 조립해서 그것이 기타의 많은 현상을 어떻게 포괄적으로 기술할 수 있는가라는 이론의 〈예언 능력〉이 중요한 판정 기준이 된다.

두 번째 입장을 취해서 '일반상대성 이론'을 구축한 사람―이 사람이야말로 금세기 최대의 과학자라고 일컫는 A. 아인슈타인*이다. 아인슈타인은 원심력과 같은 겉보기 힘과 중력을 구별할 수 없다는 '등가(等價)원리'를 기본 가설로 하여 거기서부터 중력장의 이론을 전개했다. 일반상대성 이론이 중력장에서의 시간과 공간의 성질을 바르게 기술하고 있는 것은 여러 가지 실험을 통해서 검증되어 왔는데, 이러한 것은 단적으로 말해서 등가원리라는 기본 가설이 올바름을 의미한다. 그리고 2개의 질량이 본질적으로 일치하는 것은 이 기본 가설로부터의 필연적인 결론이다.

---

* 1879년 남독일의 울름에서 태어났다. 1905년 브라운 운동 이론, 광양자론과 함께 특수상대성 이론을 발표했다. 특수상대성 이론은 뉴턴 역학 탄생 이래의 시간과 공간의 사고를 근본부터 바꾸는 것이었다. 1915년 특수상대성 이론을 중력의 이론으로서 확장한 일반상대성 이론을 발표했다.

2장 질량이란 무엇인가 53

〈그림 2-10〉
A. 아인슈타인
(1879~1955)

우리는 관성질량과 중력질량이라는 2개의 중요한 개념을 이해하는 마지막 단계에 도달한 것 같다. 여기서 질량에 대한 결말을 짓는 의미에서 등가원리의 내용과 거기서부터 어떻게 하여 관성질량과 중력질량의 비례관계를 유도할 수 있는가를 생각하기로 하자.

힘이 작용하지 않는 좌표계는 '관성계'라 부른다. 이것은 뉴턴의 운동 제1법칙, 즉 '관성의 법칙(물체는 힘이 작용하지 않으면 정지 또는 등속 운동을 계속한다)'이 성립하는 것 같은 좌표계라는 의미다. 즉 특수상대성 이론에서는 힘이 작용하지 않는 관성계가 전제로 되어 있고 물체의 등속 운동만이 취급되고 있다. 우주 속 관성계는 무수히 많다고 생각할 수 있지만 그들 모두가 동등하다는 것이 특수상대성 이론의 출발점이 되는 중요한 가정이다. 바꿔 말하면 이러한 것은—힘이 작용하지 않는 좌표계를 생각하고 있는 것이므로—물리법칙이 모든 관성계에서 같은 형태를 취한다는 것을 의미한다.

그런데 이야기를 가속도 운동을 포함하는 일반 운동까지 확장하려고 하면 문제가 생긴다. 가속도 운동을 하는 좌표계에는 힘이 작용하게 되고 이미 그 좌표계를 다른 관성계와 동등한 자격으로 취급할 수 없게 되기 때문이다. 그래서 아인슈타인은 등가원리를 도입해서 이 어려움을 극복했다.

등가원리를 생각함에 있어서 다음과 같은 상상에 의해 사고 실험을 하기로 하자. "엄밀성을 기본으로 하는 물리학에 상상이라니……"라고 얼굴을 찡그리지 말기 바란다. 논리적인 절차를 밟으면서 상상의 세계를 펼쳐나가는 것은 경우에 따라서는 훌륭한 발견을 가져오기 때문이다.

기상천외한 일

당신이 초고층 빌딩의 엘리베이터에 탑승하고 있다 하자. 엘리베이터가 멈춰 있을 때 당신은 지구의 중력에 의해서 바닥에 밀어붙여지고 있다. 중력의 가속도를 g(=9.8[초/미터^2]), 당신의 중력질량을 m킬로그램이라 하면, 바닥이 받는 힘은 mg뉴턴*이 된다. 만일 당신이 손바닥에 사과를 가지고 있었다면 당신은 사과의 중력질량을 손바닥에 느낄 것이다.

그래서 이번에는 사고실험의 이점(利點)을 이용해서 기상천외한 일을 생각해 본다. 즉 이 엘리베이터가 우주공간의 무중력 상태 속에 매달려 있다고 가정하는 것이다. 물론 당신에게도 사과에도 전혀 힘이 작용하고 있지 않으므로 당신이 사과를 살짝 손에서 떼면 사과는 그대로 공중에 떠 있다. 그 사과를 손가락으로 수평 방향으로 밀면 사과는 그대로 엘리베이터의 벽을 향해서 등속 운동을 할 것이다. 이러한 것으로부터 엘리베이터 속에 고정된 좌표계는 관성계, 즉 힘이 작용하지 않는 좌표계라는 것을 이해할 수 있다.

다음으로 엘리베이터의 바로 위에 하느님이 있어 로프로 엘

---

* [중력]=[중력질량]×[중력의 가속도=g]이다. 지구상에서 물체를 낙하시킨 경우 t초 후의 물체의 속도는 gt가 된다. 중력가속도(g)는 단위시간(1초간)에 물체의 속도가 증가하는 비율을 나타낸다. 힘의 단위는 질량을 킬로그램, 시간을 초, 길이를 미터로 나타냈을 때 뉴턴이 된다.

〈그림 2-11〉 무중력의 우주공간에서 하느님이 위로 끌어당기는 엘리베이터 속에서는 지구 중력장 속의 엘리베이터 안과 같은 하향(下向)의 힘이 작용한다

리베이터를 끌어올렸다고 해 보자(이러한 제멋대로의 상상을 할 수 있는 것도 사고실험의 장점이다). 가속도가 가해지고 엘리베이터는 똑바로 상승하기 시작한다. 그랬더니 지금까지 무중력 상태의 공중에 떠 있던 당신과 사과는 엘리베이터의 바닥을 향해서 떨어지게 된다. 가속도 운동에 의해서 겉보기의 힘—그것은 원심력이나 전차가 움직이기 시작할 때 몸에 작용하는 힘과 같다—이 아래 방향으로 생겼기 때문이다. 그래서 엘리베이터의 가속도가 정확히 지상의 중력가속도(g)와 같아졌을 때 당신은 지상에 있을 때와 마찬가지로 엘리베이터의 바닥에 설 수 있고 지상과 마찬가지의 사과 무게를 느낄 것이다. 여기서 주의할 것은 당신은 사과의 관성질량을 느끼고 있다는 것이다. 왜냐하면 여기는 무중

력 상태이고 엘리베이터는 가속도 운동을 하고 있기 때문이다. 그런데 이상의 사고실험을 정리해 보면 다음과 같이 된다. 먼저 엘리베이터가 공중에 멈춰 있을 때, 엘리베이터에 고정된 좌표계는 관성계이다. 물체에는 '중력'이 작용하기 때문에 이때의 질량은 '중력질량'이다. 다음으로 엘리베이터가 무중력 상태 속에서 가속도 운동을 할 때 엘리베이터에 고정된 좌표계는 비관성계(가속도계)가 된다. 이때 물체에는 '겉보기의 힘', 즉 '관성력'이 작용하고 따라서 이때의 질량은 '관성질량'이 된다.

낙하하는 엘리베이터

위에서 말한 두 가지 경우에서 물체에 작용하는 가속도는 g이고 엘리베이터 속의 물체는 뉴턴의 운동방정식에 따라서 낙하하거나 포물선 운동을 한다. 만일 엘리베이터가 충분히 컸다면 당신은 가속도 운동을 하는 엘리베이터 위에서도 지상(중력장의 안)과 전혀 변화가 없는 방법으로 캐치볼을 하거나 배드민턴을 할 수 있을 것이다. 당신은 엘리베이터 속의 물체 운동을 보고 있는 한, 도대체 엘리베이터가 가속도 운동을 하고 있는지, 그렇지 않으면 엘리베이터의 바로 아래에 지구와 같은 거대한 천체가 나타나서 중력의 영향을 받고 있는지 구별할 수 없다. 물체에 작용하는 힘이 중력인지, 그렇지 않으면 겉보기의 힘인지—그것을 판단하는 유일한 방법은 엘리베이터의 창에서 밖을 내다보고 거기에 거대한 천체가 있는지 어떤지를 확인하는 수밖에 없다.

이렇게 해서 보면 '겉보기의 힘'도 단순히 그 자체로 결말지을 수 없다는 것을 알 수 있다. 왜냐하면 그것은 중력과 같은

〈그림 2-12〉 낙하하는 제트비행기 속에서 우주비행사는 무중력 상태를 체험한다

효과를 가져오기 때문이다. 여기까지 오면 "두 개의 힘은 별개의 것이다"라고 끝까지 주장하는 것이 과연 얼마만큼의 의미가 있는가 하는 의문조차 생긴다. 차라리 두 개의 힘은 본질적으로 같다고 생각하고 싶은 유혹에 사로잡히는 것은 아인슈타인뿐만 아닐 것이다.

그래서 우리들은 아인슈타인과 함께 '등가원리'까지 비약하기로 하자. 즉 "중력이 작용하는 관성계와 가속도가 가지는 계는 동등하다"고.

중력과 겉보기의 힘이 동등하다면 겉보기의 힘을 이용해서 중력의 효과를 없앨 수도 있다. 조금 겁나는 이야기지만 다음과 같은 사고실험을 해 보자. 초고층 빌딩의 엘리베이터를 매달고 있는 로프를 절단해 보는 것이다. 그러면 당신은 엘리베이터와 함께 자유낙하한다. 그때 당신이 손바닥에 올려놓았던 사과도 당신과 함께 낙하하는 것이므로 당신은 이미 사과의 무게(중력질량)를 느끼지 않을 것이다. 이것은 바로 엘리베이터 속이 무중력 상태가 되었음을 의미한다.

자유낙하란 다름 아닌 지구를 향해서 가속도 운동을 하고 있는 것이므로 운동의 방향과 반대의 방향(상향)으로 겉보기의 힘이 생겨서 중력을 없애고 있다는 것이 된다. 만일 중력과 겉보기의 힘이 성질이 다른 것이라면 서로 없앤다는 것은 어지간한 우연이 아닌 이상 일어날 수 없는 것이다.

엘리베이터 실험은 위험하기 짝이 없지만, 우주비행사는 낙하하는 제트비행기 속에서 무중력 상태를 체험하는 훈련을 받고 있다.

종지부를 찍는다

아인슈타인은 등가원리에서 출발해서 일반상대론을 완성했다. 그리고 상대론의 예언은 여러 가지 실험에서 올바르다는 것이 확인되었다. 그래서 아무튼 〈등가원리는 원리적으로 올바르다〉라 가정하여 어째서 그것이 중력질량과 관성질량이 같다는 것에 연관되는가를 보자.

앞의 엘리베이터의 예를 생각해 본다. 먼저 지구상에서 정지한 엘리베이터의 바닥 위에 어떤 큰 물체가 있었다 한다. 이 물체가 바닥에 미치는 힘은 물체에 작용하는 중력과 같으므로

[중력질량] × g

이다. 여기서 g는 앞에 나온 '중력가속도'라 부르는 상수를 나타낸다. 한편 무중력 상태의 우주공간 속에서 가속도 g로 상승

하는 엘리베이터의 경우 이 물체가 바닥에 미치는 (겉보기의) 힘은

[관성질량] × g

가 된다. 여기서 등가원리가 어디서나 엄밀히 성립하는 보편적인 원리라고 한다면 위의 두 개의 힘은 〈등가〉여야 한다. 따라서 중력질량과 관성질량은 똑같다. 이리하여 양자(兩者)를 둘러싼 긴 논쟁에 종지부를 찍게 됐다.

　마지막으로 이 장을 끝냄에 있어서 지겹도록 장황한 것 같지만 여기서 얻은 결론은 2개의 질량 개념이 똑같다는 것을 〈증명〉한 것은 아니라는 점에 주의하자. 어디까지나 이것은 등가원리라는 〈가설〉에서 유도된 결론이다. 가설을 출발점으로 해서 유도되고 있는 이상 그 결론 또한 가설일 수밖에 없다.

　물론 그 가설은 엉터리 상상의 산물 따위는 아니다. 우리는 등가원리에서 일반상대론이라는 결실이 풍부한 학문을 탄생시킬 수 있었다.

　그리고 일반상대론이 중력장을 올바르게 기술하는 것은 많은 실험으로 검증되었고 현재는 이 이론을 의심하는 사람은 없다. 이러한 것은 출발점이 된 등가원리의 올바름—그 본질적인 원인은 모르지만—을 시사하고 있다고 해도 될 것이다.

　에토베슈의 실험은 1조 분의 1이라는 높은 정밀도로 관성질량이 중력질량에 비례하는 것을 밝히고 있다. 하지만 앞으로 만일 실험의 정밀도가 향상돼서 그 정밀도를 넘는 부분에서 두 질량의 비례관계가 깨져 있다는 것을 알면, 등가원리와 그것을 출발점으로 하여 구축된 일반상대론은 근사적인 이론이 될 것

이다. 그때에는 일반상대론을 포괄하는 보다 기본적인 이론이 탐구될 것이다. 마치 아인슈타인의 일반상대론에 의해서 뉴턴의 고전역학이 근사적으로밖에 성립하지 않는다는 것이 밝혀진 것처럼…….

3장
질량은 어디에 있는가

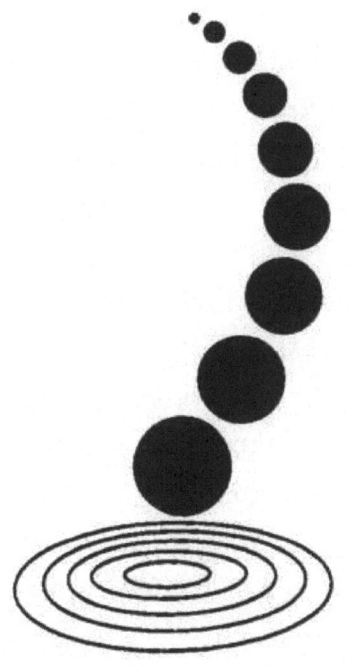

아리스토텔레스의 물질관

질량은 물질의 고유한 물리량이다. 2장에서는 그 물리적인 의미를 상세히 설명했다. 질량에 대한 논의를 밀고 나갔더니 그것이 일반상대론에도 결부되어감을 알았다. 결국 질량은 물질 고유의 양이므로 물질에 대한 이해 없이 질량의 본질을 이야기할 수는 없다. 그래서 이 장에서는 다시 한 번 "물질이란 무엇인가?"라는 질문을 던져서 물질의 본질을 밝혀 보자.

어느 시대에도 〈자연을 보다 기본적인 요소로 설명하고 싶다〉는 것은 인류 공통의 소망이었다. 이미 지금부터 2300년 이상의 옛날 그리스 시대에 데모크리토스나 아리스토텔레스라는 철학자들이 이 과제에 대해서 지혜를 짜내고 있었다. 아리스토텔레스는 자연을 4개의 요소, 토(土: 흙), 수(水: 물), 공기, 화(火: 불)로부터 설명하려고 했다. 그에 따르면 자연계에는 원래 물질의 근원적인 요소인 '제1물질(토, 수, 공기, 화가 아닌 것)'이 있고, 그것에 차가움과 건조함이 주어지면 '토'가 돼서 우리들 앞에 나타난다고 한다. 〈그림 3-1〉에서 보여주는 것처럼 건(乾: 하늘), 온(溫: 따뜻함)에서 '화'가, 온, 습(濕: 젖음)에서 공기가, 냉(冷: 차가움), 습에서 '수'가 생긴다. 마찬가지 사고는 고대 중국의 '음양오행설'에서도 볼 수 있다.

물론 이러한 시대에 과학은 발달해 있지 않았기 때문에 이들 주장에는 아무런 근거도 제시할 수 없었지만 기본적인 것을 구하려는 마음이 나타나서 재미있다.

근대과학이 싹트고부터는 물질이 분자, 원자라는 보다 작은 요소로부터 성립하고 있음이 과학적인 방법으로 밝혀졌다. 1장에서도 언급한 것처럼 물질의 구조를 해명하는 경우의 상투 수

3장 질량은 어디에 있는가 63

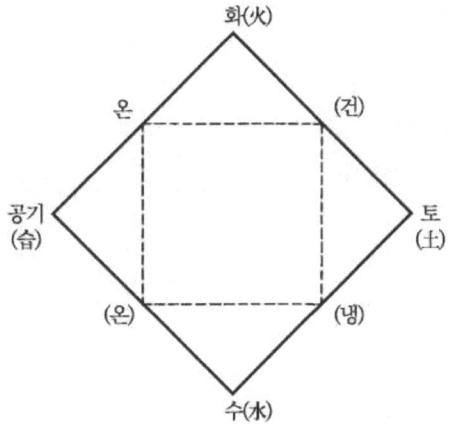

〈그림 3-1〉 아리스토텔레스의 물질관

단은 물질을 보다 작은 요소—그것보다 아래의 계층—로 분해하는 일이었다. 분해하는 대상이 분자, 원자라는 미소한 것이어도 그 관측에는 거시세계의 〈본다는 것의 메커니즘〉과 유사한 방법이 적용된다(1-6. '자연을 본다' 참조). 러더퍼드의 원자핵 발견도 그러하였고, 그 뒤에 계속되는 소립자의 발견이나 현대에서의 극미 세계 연구도 예외는 아니다. 그것은 한마디로 말하면 입자의 충돌 현상을 이용하는 것이다. 그러면 현대의 물리학은 물질의 궁극적인 세계를 어떻게 관측하고 어디까지 해명하고 있는 것일까?

물질을 그 구성요소로 분해해 갔을 때 최초에 나타나는 요소는 '분자'이다. 분자는 색깔, 딱딱한 정도, 냄새……등 물질의 성질을 남기는 최소 단위다.

물을 예로 들면 물 분자는 수소 원자(H) 2개와 산소 원자(O) 1개로 구성되고 'H_2O'로 적는다. 이것을 '에이치 투 오'라 기

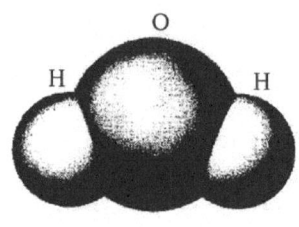

〈그림 3-2〉 물의 분자구조

억하는 사람도 많을 것이다. 물이 갖는 각양각색의 성질은 바로 H_2O라는 분자의 특성이다. 이 분자를 뿔뿔이 원자(H와 O)로 분해해 버리면, 물의 성질은 상실되어 버린다.

빈틈투성이 원자

그래서 다음으로 문제가 되는 것은 물을 구성하는 원자의 구조다. 이미 1장에서도 언급한 것처럼 금세기 초 러더퍼드는 원자의 중심에 원자핵이라 부르는 딱딱한 심(芯)이 있음을 실험적으로 밝혔다. 원자핵은 양성자와 중성자로 구성되고 그 주위를 전자가 회전하고 있다—이것이 오늘날 우리가 이해하고 있는 원자의 구조이다.

예컨대 가장 간단한 수소 원자에서 원자핵은 양성자 1개로 구성되고 +1의 전하(電荷: 물체가 띠고 있는 정전기의 양)를 갖는다. 그 원자핵의 주위를 1의 전하를 갖는 전자가 회전하고 있고 수소 원자의 전하는 전체로서 제로로 되어 있다. 물 분자를 구성하는 또 하나의 원자, 산소 원자에서는 중심의 원자핵이 8개의 양성자와 8개의 중성자로 구성되고 그 주위를 8개의 전자가 돌고 있다. 중성자의 전하는 제로, 즉 전기적으로 중성이다.

양성자, 중성자의 크기는 대략 1000조 분의 1미터(10^{-15}m)이지만 전자의 크기는 현재의 실험으로는 아직 관측되지 않았다. 따라서 많은 이론은 전자를 크기가 없는 점상(점 모양)의 입자로 취급하고 있다. 물질은 모두—우리들 인간도 포함해서—양성

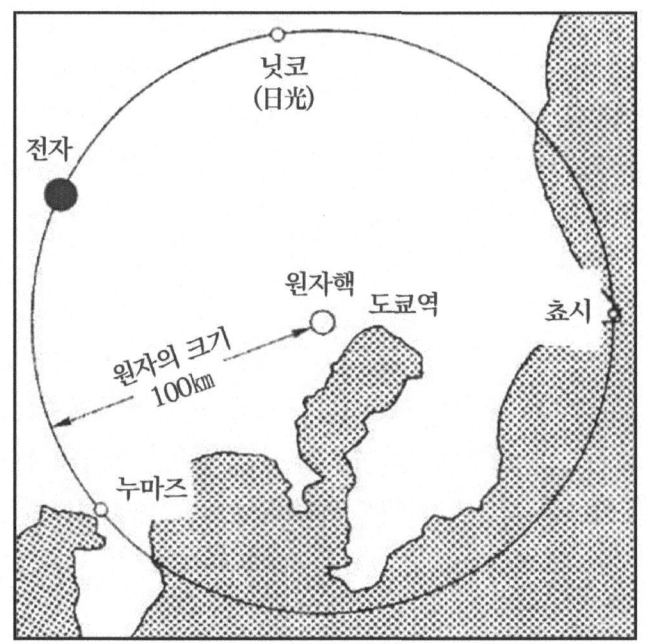

〈그림 3-3〉 원자와 원자핵의 크기 비교. 원자핵을 1미터 공이라고 해서 도쿄역에 두면 전자는 100킬로미터 바깥쪽을 돌고 있다

자, 중성자, 전자라는 3종류의 소립자로 구성된다. 클레오파트라도 양귀비도 그리고 오늘날의 미스 유니버스일지라도 근원을 밝히면 3종류의 소립자에 불과하다.

그런데 이들 소립자의 질량은 어느 정도일까. 물론 여기서 말하는 질량은 관성질량이지만 등가원리가 성립한다는 입장을 취하기 때문에 관성질량과 중력질량은 동등하다. 이후의 논의에서는 양자(일정한 관계에 있는 두 개의 사물)를 구분하지 않고 단순히 질량이라 부르기로 한다.

양성자의 질량은 1.67×10^{-27}킬로그램이고 중성자의 질량은 이것보다 0.14퍼센트만큼 무겁다. 이에 반해서 전자의 질량은 훨씬 가벼워 양성자, 중성자의 약 1,800분의 1, 즉 9.11×10^{-31}킬로그램이다. 지금 여기에 몸무게 50킬로그램의 사람이 있다면—원자핵을 구성하는 양성자와 중성자의 수는 거의 같으므로—양성자와 중성자가 그 몸무게의 대부분, 즉 25킬로그램씩을 차지하는 것이 된다. 전자는 겨우 28그램을 차지하고 있는 것에 불과하다. 물질의 질량은 대부분 양성자, 중성자가 떠맡고 있는 것이다.

원자의 크기란 전자의 회전 궤도 넓이에 상당하고 약 100억 분의 1미터(10^{-10}m)이다. 원자핵의 크기(10^{-15}m)는 전자 궤도의 10만 분의 1에 상당한다. 지금 가령 원자핵을 반지름 1미터의 공이라 하고 도쿄역에 놓아보면 전자는 그 100킬로미터 전방, 즉 누마즈, 닛코, 쵸시 부근을 도는 것이 된다. 결국 원자의 내부는 빈틈투성이다.

소립자의 안 깊숙이

러더퍼드의 실험은 알파선을 원자에 부딪침으로써, 즉 2개 입자의 충돌 반응에 의해서 그 중심에 단단한 심인 원자핵이 있음을 밝혔다. 이것과 같은 수법을 이용해서 양성자, 중성자의 구조를 탐색할 수 있다.

양성자, 중성자는 매우 작기 때문에 그 내부 구조를 조사하기 위해서는 작은 소립자를 충돌시켜야 한다. 예컨대 커다란 돌의 구조를 조사하려고 하면 커다란 해머를 사용해서 돌을 부수게 되지만 작은 돌을 부수기 위해서는 그만큼 작고 견고한 해머를 준비해야 한다.

전자는 크기가 없는 점상(점 모양)의 소립자라고 생각할 수

3장 질량은 어디에 있는가 67

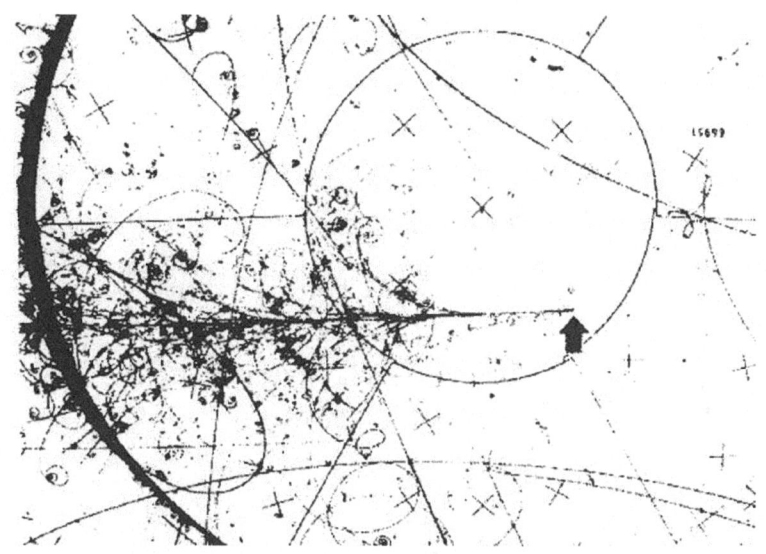

〈그림 3-4〉 심층부 비탄성산란. 오른쪽으로부터 뉴트리노가 들어와서 안개
상자 속의 양성자에 부딪쳐서(화살표) 다수의 입자가 발생했다

있으므로 양성자, 중성자—원자핵을 구성하는 입자라는 의미에서
'핵자'라 부른다—의 내부를 살피기 위해 가장 알맞은 소립자임
을 알 수 있다. 핵자의 깊은 부분에 전자를 관통시켜 미세한
구조를 관측하는 데 에너지는 높으면 높을수록 효율이 좋다.

높은 에너지의 전자를 핵자에 충돌시켰을 때 만일 핵자 속에
단단한 알갱이가 있다면 전자는 그 알갱이에 쨍그랑하고 부딪
쳐서 큰 각도로 튀어 나갈 것이다. 마치 러더퍼드의 실험이 그
러했던 것처럼.

충돌 반응에서는 충돌의 전후에서 소립자가 종류를 바꾸지
않을 때를 '탄성산란(彈性散亂)', 충돌에 의해서 다수의 입자가
발생하여 충돌 후의 상태가 바뀌어 버리는 경우를 '비탄성산란'

이라 한다. 전자-핵자의 탄성산란에서는 충돌 후에도 전자와 핵자가 튀어나온다. 이러한 것은 당구라든가 게이트볼을 상상해 보면 바로 알 수 있다.

아인슈타인의 상대론에 따르면 에너지와 질량은 서로 한쪽에서 다른 쪽으로 전화(轉化: 질적으로 바뀌어서 달리 됨)할 수 있다. 전자-핵자 충돌의 비탄성산란에서는 전자의 에너지가 질량으로 전화하고 동시에 다수의 소립자가 생성된다. 이러한 현상은 전자가 핵자의 심층부에 들어가 거기서 비탄성산란을 일으키기 때문에 '심층부 비탄성산란'이라 부른다.

심층부 비탄성산란의 실례를 보여주자. 〈그림 3-4〉는 전자와 마찬가지 점상의 소립자, 뉴트리노를 양성자에 부딪쳤을 때에 생성하는 소립자의 비적 사진이다. 뉴트리노 등 이상한 이름의 소립자가 등장하였지만 별로 놀랄 것은 아니다. 그것은 점상이고 또 전자와 같은 렙톤(경입자)족의 일원으로 전자와 아주 비슷한 성질을 갖고 있다. 사실을 말하면 태양 속에서 일어나고 있는 원자핵반응에 의해서 매초 1제곱미터당 1000조 개나 되는 뉴트리노가 지구에 쏟아지고 있다.

〈그림 3-4〉는 심층부 비탄성산란에 의해서 다수의 소립자가 생성되고 있는 모양을 보여주고 있다. 오른쪽에서 높은 에너지의 뉴트리노가 수소 안개상자에 입사(入射)해서 화살표 지점에서 양성자에 격돌했다. 만일 양성자가 수박처럼 한결같은 내부 구조를 가졌다면 뉴트리노는 그대로 관통해서 전방으로 튀어나갈 것이다. 그런데 이 사진을 보는 한 양성자는 그렇게 단순한 것이 아닌 것 같다. 뉴트리노는 양성자 속에 있는 단단한 심에 부딪쳐 거기서 대량의 에너지를 방출하였다. 그 에너지는

즉각 질량으로 전화해서 많은 소립자가 여러 가지 각도로 튀어 나갔다―심층부 비탄성산란을 이렇게 해석할 수 있다.

쿼크가 있었다

그런데 이러한 실험에 앞서서 1963년 M. 겔만과 G. 츠바이크는 순이론적인 견지에서 양성자, 중성자 등의 소립자를 3종류의 보다 기본적인 입자의 조합으로 이해할 수 있음을 지적했다. 양성자, 중성자는 로(ρ), 오메가(ω), 델타(Δ) 등 100종류 이상에 이르는 다수의 무리와 함께 '하드론(강입자)'이라 부르는 입자족을 구성한다. 이들 하드론은 모두 약 10조 분의 1센티미터라는 크기를 갖는다.

이에 반해서 전자나 뉴트리노를 포함하는 또 하나의 입자족 '렙톤(경입자)'이 존재한다. 렙톤은 이론적으로는 크기가 없는 점상(점 모양)의 입자로서 취급되고 있다. 당시 알려져 있던 렙톤은 겨우 4종류, 즉 전자, 뮤입자와 2개의 뉴트리노에 불과했다.

크기와 종류―이 소립자가 가지는 기본적인 성질을 비교했을 때 하드론과 렙톤에는 너무나도 큰 격차가 있다. 즉 〈단순한 렙톤과 복잡한 하드론〉이라는 대비(對比)가 뚜렷이 보인다. 자연의 본질은 단순해야 한다는 입장에 서면 이들 다수의 하드론이 모두 물질의 궁극적인 요소라고는 도저히 생각할 수 없다.

이러한 상황 속에서 겔만과 츠바이크에 의해서 '쿼크 모델'이 제안되었다. 이 모델에 따르면 양성자, 중성자와 같은 하드론은 '쿼크'라 부르는 미소한 요소로부터 성립하고 있다. 당시 3종류의 쿼크 업(u), 다운(d), 스트레인지(s)가 가정되었다. 쿼크 모델에 따르면 하드론이 가지는 다양한 성질은 개개의 하드론을 구성하고 있는 쿼크의 성질을 단순히 겹침으로써 설명된다.

1967년 매사추세츠 공과대학(MIT)과 스탠퍼드 선형가속기센터(SLAC)의 그룹은 SLAC에 건설되어 있는 길이 2마일(3.2킬로미터)의 선형가속기를 사용해서 심층부 비탄성산란의 실험에 착수했다. 이 가속기는 전자를 21GeV(210억 전자볼트)까지 가속할 수 있다. 되튀어 나오는 전자를 정밀도 있게 관측하기 위해 대형 자기스펙트로미터도 건설되었다.

실험 결과 확실히 양성자 속에 단단한 심이 있음을 알았다. 이것이야말로 틀림없이 겔만 등이 제창하고 있는 쿼크가 틀림없다—그러한 예상이 확산되어 가는 가운데 많은 연구소에서 실험이 계속됐다. 전자나 뉴트리노뿐만 아니고 양성자 그 자체를 또 하나의 양성자에 대어 보아도 쨍그랑하고 부딪쳐서 입자가 큰 각도로 방출되는 현상이 발견되었다. 1970년대에서 1980년대에 걸쳐 행해진 실험은 어느 것도 이러한 경향을 보이고, 데이터는 쿼크 모델의 예언과 잘 일치하였다. 이리하여 실험-이론의 양면에서 쿼크의 존재가 확실해졌다. 이 공적으로 프리드먼, 켄들, 테일러 세 사람에게 1990년도 노벨상이 수여되었다.

여기서 주의할 것이 하나 있다. 쿼크 모델은 하드론이 가지는 다양한 성질을 보기 좋게 설명한다. 그리고 하드론의 내부에는 작고 단단한 섬 '쿼크'가 있다는 것도 실험으로 확인됐다. 이제까지 과학의 역사 속에서 새로운 입자의 존재는 반드시 그것을 단체(單體)로 밖에 끄집어내서 관측함으로써 실증되어 왔다. 전자, 양성자, 중성자 등처럼.

하지만 쿼크에 관한 한 이러한 전통적인 방법이 적용되지 않

3장 질량은 어디에 있는가 71

〈그림 3-5〉 미국 스탠퍼드 선형가속기센터(SLAC)에 있는 길이 2마일의 전자가속기(STANFORD LINEAR ACCELERATOR CENTER/SCIENCE PHOTO LIBRARY/PSS통신)

는다. 심층부 비탄성산란의 실험에서 쿼크가 직접 관측된 것은 아니다. 확실히 우리는 전자를 양성자의 내부에 관통시켜 거기에 단단한 요소, 쿼크가 있다는 반응을 얻었다. 그러나 전자의 에너지를 올려, 보다 강력한 해머로 두들겨 내려고 해도 쿼크는 결코 튀어 나가지 않는다.

실증(實證)의 학문으로서의 물리학에서는 존재하는 것은 반드시 관측되어야 하고 역으로 관측되지 않는 것은 존재한다고 단정할 수 없었다. 쿼크는 이렇게 오랫동안 정착한 과학의 상식을 깨버렸다. 〈관측되지 않아도 존재하는 것은 존재한다〉—이것이 쿼크가 우리에게 가르쳐준 새로운 물질관이다.

특이한 성질

상식을 깨는 쿼크에는 특이한 성질이 갖추어져 있다. 양성자나 전자 등의 소립자는 +1이라든가 -1과 같이 단위전하*를 갖는다. 소립자는 절반으로 나눌 수 없으므로 그 전하의 크기도 1 이하가 되는 일은 없을 것이다. 그런데 쿼크의 전하는 1/3의 1을 단위로 하고 있다.

다음의 표에 보여주는 것처럼 현재 이론이 예상하는 쿼크는 6종류가 있다. 질량이 가장 무거운 6번째 톱 쿼크는 아직 실험에서 확인되지 않았다. 이들 쿼크 중 u(업), c(참), t(톱)은 2/3의 전하를, 나머지 3종 d(다운), s(스트레인지), b(보텀)은 -1/3의 전하를 갖는다. 또 안정된 쿼크는 u, d 2개뿐이고, 나머지 4개는 짧은 시간에 붕괴한다.

하드론이 어떠한 쿼크로부터 만들어져 있는가를 논의하기 전에 하드론의 분류에 대해서 언급해 두자. 양성자, 중성자 등 무거운 소립자의 1군을 바리온(중입자), 그것보다 질량이 가벼운 소립자군을 메손(중간자)이라 부른다. 메손은 모두 단수명이므로

---

* 양성자나 전자가 가지는 전기량을 기본 전하라 부르고 e로 나타낸다. 여기서는 e를 생략하여 단순히 +1, -1과 같이 표기한다. 양성자, 전자를 비롯한 관측 가능한 소립자인 원자핵, 원자 등의 전하는 기본 전하의 대수합(정수)으로서 표시된다.

〈표 3-6〉 쿼크의 양자수

쿼크		전하(단위 e)	반쿼크		전하
다운	d	$-\frac{1}{3}$	반다운	$\bar{d}$	$\frac{1}{3}$
업	u	$\frac{2}{3}$	반업	$\bar{u}$	$-\frac{2}{3}$
스트레인지	s	$-\frac{1}{3}$	반스트레인지	$\bar{s}$	$\frac{1}{3}$
참	c	$\frac{2}{3}$	반참	$\bar{c}$	$-\frac{2}{3}$
보텀	b	$-\frac{1}{3}$	반보텀	$\bar{b}$	$\frac{1}{3}$
톱	t	$\frac{2}{3}$	반톱	$\bar{t}$	$-\frac{2}{3}$

물질 중에 안정하게 존재할 수는 없다. 최초에 발견된 메손은 양성자의 약 7분의 1의 질량을 갖는 파이메손(π)이다. 이것은 1억 분의 1초(10^{-8}초)의 수명으로 렙톤족의 뮤입자(μ)와 뉴트리노(ν)로 붕괴한다. 뮤입자는 거듭 100만 분의 1초에서 전자와 뉴트리노, 반뉴트리노로 바뀐다.

$$\pi^+ \to \mu^+ + \nu$$
$$\hookrightarrow e^+ + \nu + \bar{\nu}$$

이 붕괴 과정의 비적 사진을 〈그림 3-7〉에 나타냈다.

전자의 질량은 양성자의 약 1,800분의 1이므로 핵자(양성자, 중성자), 파이메손, 전자를 생각하고 있는 한 바리온(중입자), 메손(중간자), 렙톤(경입자)이라는 질량의 크기를 기준으로 한 명명에도 그 나름의 의미가 있었다. 그러나 현재는 핵자보다 무거운 메손이나 렙톤도 발견되었으므로 단순히 무거운지, 가벼운지에 따라서 소립자를 분류하는 것은 의미가 없어졌다.

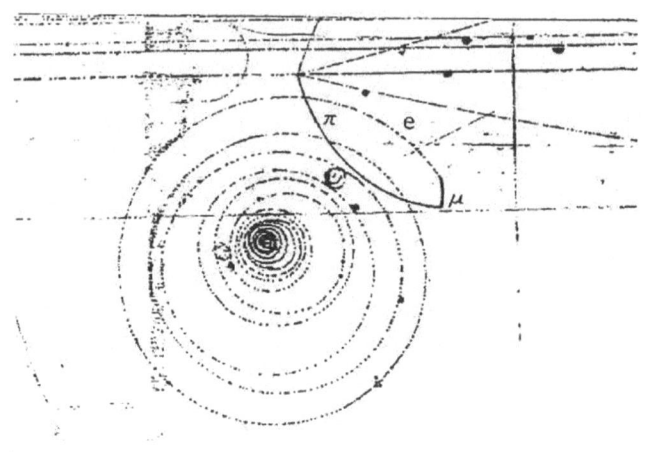

〈그림 3-7〉 파이메손(π)의 붕괴

  소립자의 성질을 나타내는 물리량을 '양자수(量子數)'라 부른다. 전자 등의 렙톤에는 렙톤 수 +1을 주어 하드론과 구별한다. 하드론 중에서 바리온과 메손을 구별하기 위해 바리온은 바리온 수 +1을 갖는 것으로 한다. 이들 양자수는 인간에게 비유하면 국적과 같은 것이라고 생각할 수 있다. 국적을 알면 국민성이나 풍속, 습관을 알 수 있는 것처럼 양자수에 따라서 그 소립자가 어떠한 성질을 갖는가를 예측할 수 있다.
  하드론이나 렙톤이 양자수를 갖는 것처럼 쿼크도 고유의 양자수를 갖고 있다. 앞에서 언급한 분수 전하는 쿼크의 특징을 가장 잘 나타내고 있는 양자수이다. 바리온 수는 모든 쿼크에 대해서 1/3로 한다.
  쿼크의 양자수를 사용해서 바리온의 양자수를 추정해 보자. 먼저 양성자와 중성자의 전하. 물질은 안정해야 하므로 물질을 구성하는 소립자인 양성자와 중성자는 안정된 쿼크 u, d로 만

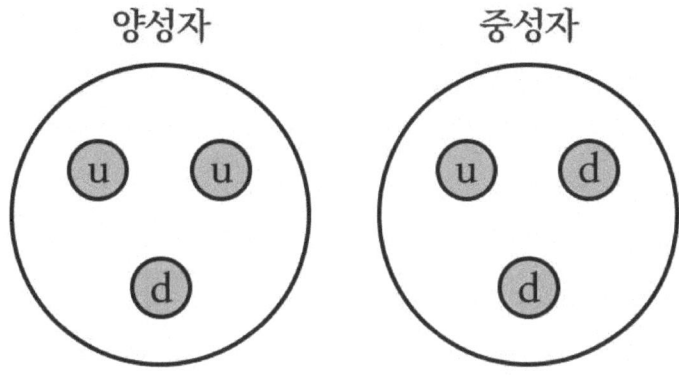

〈그림 3-8〉 양성자, 중성자의 쿼크 구조

들어져 있을 것이다. 양성자, 중성자의 전하와 바리온 수(+1)를 실현하기 위한 가장 간단한 방법은 다음과 같이 된다. 즉

[양성자의 전하: +1] = u(2/3) + u(2/3) + d(-1/3)

[양성자의 바리온 수: +1] = u(1/3) + u(1/3) + d(1/3)

[중성자의 전하: 0] = u(2/3) + d(-1/3) + d(-1/3)

[중성자의 바리온 수: +1] = u(1/3) + d(1/3) + d(1/3)

반입자도 있다

양성자, 중성자와 같은 바리온이 쿼크 3개로 구성되는 것을 알았다. 그러면 메손은 어떠한 쿼크에서 만들어진 것일까?

이러한 것에 대답하기 위해 먼저 반입자에 대해서 설명해 두자. 반입자를 처음으로 예언한 사람은 영국의 물리학자 A. M. 디랙(1902~1984)이다. 그는 1932년 전자에 대한 상대론적인

〈표 3-9〉 쿼크, 반쿼크, 렙톤, 반렙톤의 양자수

	바리온 수 렙톤수	제1세대	제2세대	제3세대
쿼크	쿼크 $(+\frac{1}{3})$	d	s	b
		u	c	t
	반쿼크 $(-\frac{1}{3})$	$\bar{d}$	$\bar{s}$	$\bar{b}$
		$\bar{u}$	$\bar{c}$	$\bar{t}$
렙톤	렙톤 (+1)	ν_e	ν_μ	ν_τ
		e^-	μ^-	τ^-
	반렙톤 (-1)	$\bar{\nu}_e$	$\bar{\nu}_\mu$	$\bar{\nu}_\tau$
		e^+	μ^+	τ^+

파동방정식을 풀어서 전자에는 전하의 부호만이 상이한—따라서 양의 전하를 가지는—입자가 존재하는 것을 예언했다. 이것이 전자의 〈반입자〉이고 '양전자(陽電子)'라 부른다. 1938년 앤더슨은 우주선(宇宙線: 우주에서 끊임없이 지구로 내려오는 매우 높은 에너지의 입자선을 통틀어 이르는 말) 속에서 양전자를 관측하여 디랙의 사고가 올바름을 실증하였다.

현재는 쿼크를 포함하는 모든 소립자에 입자와 반입자가 쌍으로 존재하는 것이 밝혀져 있다. 쿼크의 예에서도 알 수 있는 것처럼 입자와 반입자의 양자수(전하, 바리온 등)는 서로 반대의 부호를 갖는다(표 3-9).

쿼크에 반입자가 있는 것이니까 쿼크로부터 구성되어 있는 하드론이 반입자의 쌍을 갖는 것은 당연하다. 양성자와 중성자

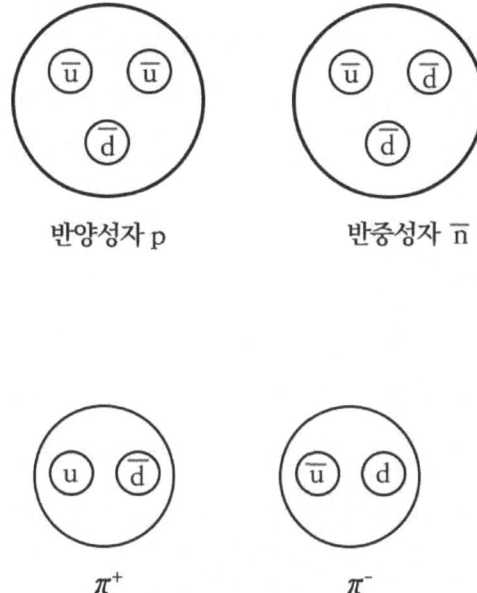

〈그림 3-10〉 반양성자, 반중성자, 파이메손의 쿼크 구조

의 반입자는 '반양성자'와 '반중성자'라 부르고 있다. 앞에서 설명한 것과 같은 방법으로 이들 반입자가 어떠한 쿼크로부터 성립되어 있는가를 보자. 먼저 전하에 대해서는

[반양성자의 전하: -1] = $\bar{u}(-2/3) + \bar{u}(-2/3) + \bar{d}(+1/3)$

[반중성자의 전하: 0] = $\bar{u}(-2/3) + \bar{d}(+1/3) + \bar{d}(+1/3)$

바리온 수는 반쿼크의 바리온 수 -1/3을 3개 더해서 -1이 되고 하드론 수준에서도 입자와 반입자의 바리온 수가 서로 반대의 부호가 되는 것을 알 수 있다.

하드론을 구성하는 또 하나의 입자족, 메손에 대해서도 마찬가지 고찰을 해 보자. 메손은 바리온 수를 갖지 않으므로(바리온 수 제로) 쿼크(바리온 수 1/3)와 반쿼크(바리온 수 -1/3) 1개씩으로 만들어져 있다고 생각할 수 있다. 우선 질량이 가장 작은 파이메손부터 고찰하자. 파이메손의 전하는 양, 음, 제로의 3종류가 있으므로

$\pi^+ = u(+2/3) + \bar{d}(+1/3)$

$\pi^- = \bar{u}(-2/3) + d(-1/3)$

$\pi^0 = u(+2/3) + \bar{u}(-2/3)$, 또는 $d(-1/3) + \bar{d}(+1/3)$

여기에 보인 것은 단지 하나의 예에 불과하다. 아무튼 주목하고자 하는 것은 100종류 이상이나 있는 하드론을 모두 쿼크 모델에 의해서 보기 좋게 설명할 수 있다는 것이다. 물론 쿼크 모델의 예언은 전하나 바리온 수에만 한정된 것은 아니고 충돌 과정의 메커니즘 등의 기술에도 위력을 발휘한다. 이렇게 되면 쿼크가 단독으로 관찰될 수 없어도 그 존재를 믿고 싶어질 것이다.

쿼크와 함께 물질의 기본적인 요소인 렙톤에 대해서도 정리해 두자.

〈표 3-9〉에 보여주는 것처럼 렙톤도 6종류가 있다. 음전하를 갖는 전자(e^-), 뮤입자(μ), 타우입자(τ)와 함께 이들 입자에 부수하는 3종류의 뉴트리노(ν)가 있다. 그것들을 구별할 때에는 전자뉴트리노, 뮤뉴트리노, 타우뉴트리노처럼 부른다. 이들 렙톤에는 렙톤수 +1을 준다.

쿼크의 경우와 마찬가지로 6개의 렙톤에도 또 반입자(반렙톤)가 대응하고 있지만 그것들은 렙톤수 -1을 갖는다(〈표 3-9〉 참조).

쿼크, 렙톤의 질량

물질의 가장 기본적인 소재로서 쿼크와 렙톤이 각각 6개씩 있음을 알았다. 쿼크, 렙톤의 종류를 나타내는 양자수를 '플레이버(Flavor, 향기)'라 부른다. 전혀 성질이 다른 쿼크와 렙톤이 같은 수만큼 있다는 것은 우연일까? 양자(두 개의 사물)의 성질에 무언가 공통점이 있는 것은 아닌가라고 생각게 하는 사실은 그 밖에도 더 있다. 그래서 먼저 쿼크와 렙톤을 다음과 같이 배열해 보자.

쿼크 $\begin{pmatrix} d \\ u \end{pmatrix} \begin{pmatrix} s \\ c \end{pmatrix} \begin{pmatrix} b \\ t \end{pmatrix}$

렙톤 $\begin{pmatrix} \nu_e \\ e^- \end{pmatrix} \begin{pmatrix} \nu_\mu \\ \mu^- \end{pmatrix} \begin{pmatrix} \nu_\tau \\ \tau^- \end{pmatrix}$

이 배열에 있어서 제1열을 제1세대, 제2열을 제2세대, 제3열을 제3세대라 부른다. 여기서 깨닫는 것은 쿼크도 렙톤도 상단과 하단의 전하의 차가 1이 되는 것이다. 또 쿼크, 렙톤의 질량은 이 순서로 커지고 있다. 이와 같이 플레이버, 세대, 전하, 질량 등에서 볼 수 있는 공통점은 쿼크, 렙톤의 배후에 더 기본적으로 숨겨진 법칙이 있음을 암시하고 있는 것처럼 생각된다. 이러한 것에 대해서는 뒤의 장에서 상세히 언급하기로 하자.

렙톤은 모두 단독으로 관측할 수 있으므로 각각에 대해서 질량을 결정할 수 있다. 소립자의 관측에는 소립자와 검출기를 구성하는 물질과의 상호작용을 이용한다. 전하를 가진 소립자인 전자, 뮤 입자, 타우 입자는 물질과 전자기 상호작용을 하고, 따라서 쉽게 검출할 수 있으므로 질량도 정밀도 있게 결정된다. 전자의 질량은 9.11×10^{-31}킬로그램이고, 뮤 입자와 타우 입자는 각각 전자 질량의 약 200배, 약 3,600배의 질량을 가진 것이 실험으로 밝혀지고 있다.

이에 반해서 뉴트리노는 전기적으로 중성이고 전자기 상호작용을 하지 않기 때문에 그 검출이 어렵다. 간접적인 측정으로 3개의 뉴트리노의 질량은 매우 작다는 것을 알고 있지만 그 값은 아직 확정되지 않았다. 특히 타우뉴트리노 질량의 불확정성이 크다.

위에서 보여준 것처럼 소립자의 질량은 매우 작아 통상의 단위(킬로그램)로 나타내는 것은 불편하다. 다음의 장에서 상세히 설명하는 것처럼 질량은 에너지와 1 대 1의 관계에 있다. 즉 질량과 에너지는 서로 전화할 수 있는 것이다. 그래서 소립자의 질량은 보통 에너지(전자볼트, eV)로 나타낸다. 예컨대 전자의 질량은 $511keV(5.11 \times 10^8 eV)$, 양성자의 질량은 $938MeV$처럼 나타낸다.

쿼크가 단독으로 관측되지 않는 이상 우리들은 쿼크의 질량을 직접 알 수는 없다. 하지만 쿼크가 포함되어 있는 하드론의 질량으로부터 대략으로 짐작은 할 수 있다. 양성자, 중성자의 질량은 거의 같으므로 그것을 기준(1로 잡는다)으로 하여 생각하기로 하자. 양성자에는 (uud), 중성자에는 (udd)가 포함되므로 u와 d로 질량을 나타내면

양성자: $2u + d = 1$

중성자: $u + 2d = 1$

이 성립한다. 이것은 u와 d에 대한 연립방정식이므로 간단히 풀려서

　　u = d = 1/3

이 얻어진다. 결국 u, d 쿼크의 질량은 양성자, 중성자 질량의 1/3이 된다.

　u, d 이외의 쿼크의 질량도 마찬가지 방법으로 추정할 수 있지만, 그 논의는 다음 장으로 미루기로 하자.

4장

전화하는 질량

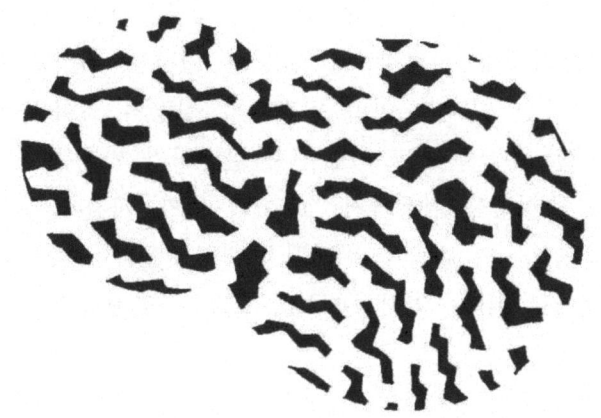

불가사의한 현상

지금 여기에 불가사의한 현상을 보여주는 2매의 사진이 있다. 소립자가 갑자기 없어져 버리거나 아무것도 없는 곳에서 소립자가 나타나거나 한다는 사진이다. 만일 이것이 과학 세계의 이야기가 아니면 "이것은 유령이다!"라는 것이 될 것 같지만 이런 것으로 독자에게 연막을 칠 생각은 전혀 없다. 어디까지나 과학적인 이야기니까.

이들 사진은 액체수소를 채운 안개상자 속에서 관측된 현상이다. 첫 번째 사진(〈그림 4-1〉 참조)에 비치고 있는 2개의 소용돌이 모양의 비적은 상세한 해석 결과 전자와 양전자라는 것이 확인되고 있다. 그러면 이 2개의 소립자는 정말 아무것도 없는 곳에서 나타난 것일까. 전자-양전자의 발생은 거기에 질량이 생성된 것을 의미한다. 도대체 질량은 어떠한 메커니즘으로 생성된 것일까…….

어미의 소립자가 있어 거기서부터 아이 소립자가 태어났다고 생각하면 납득하기 쉽다. 그러나 사진에는 전자-양전자의 발생에 앞서 그 원인이 되는 어미 소립자가 나타나 있지 않다. 안개상자에서 전기적으로 중성인 입자는 비적을 남기지 않으므로 중성 입자가 어미 입자로서 질량의 공급원이 되는 것을 생각할 수 있다. 그래서 전자-양전자가 가지는 에너지나 운동량의 측정값을 사용해서 그 어미 입자―사진에는 나타나지 않은 중성 입자―의 질량을 추정해 본다. 그랬더니 어미 입자의 질량은 〈제로〉이다. 역시 아무것도 없는 곳에서부터 질량이 생긴 것일까…….

질량 제로의 소립자라면 〈빛〉이 있다. "네? 빛이 소립자라고

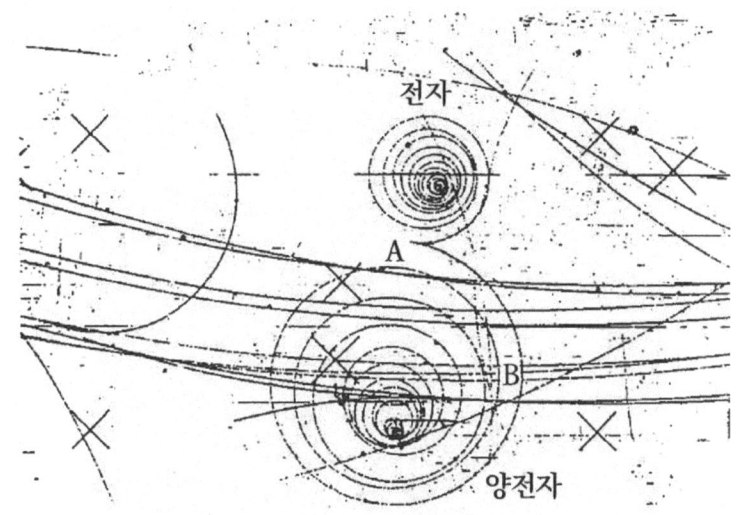

〈그림 4-1〉 쌍생성. 왼쪽으로부터 감마선이 들어와서 A점에서 전자와 양전자가 쌍생성됐다

요?"라고 놀라지 말기 바란다. 보통 빛이라면 가시광선을 상상할지 모르지만 여기서는 더 일반적으로 '전자기파(電磁氣波)'를 가리키기로 하자. 가시광선, 텔레비전, 라디오의 전파, 뢴트겐 촬영에 사용하는 X선 등은 모두 전자기파의 일종이다. 전자기파는 그 이름대로 〈전기-자기의 파도〉를 의미한다고 생각해도 될 것이다.

그런데 마이크로 세계에서는 매크로 세계의 상식으로는 판단할 수 없는 기묘한 현상이 얼마든지 있다. 소립자가 〈입자와 파도〉라는 2중의 성질을 갖는 것도 우리들의 상식을 초월한 기묘한 현상의 하나다. 즉 전자나 양성자 등의 소립자는 입자의 성질도 겸비하고 있다. 입자가 파도라면 그 반대, 즉 〈파도는 입자다〉라고 생각하는 것이 그다지 엉뚱한 발상은 아닐 것이

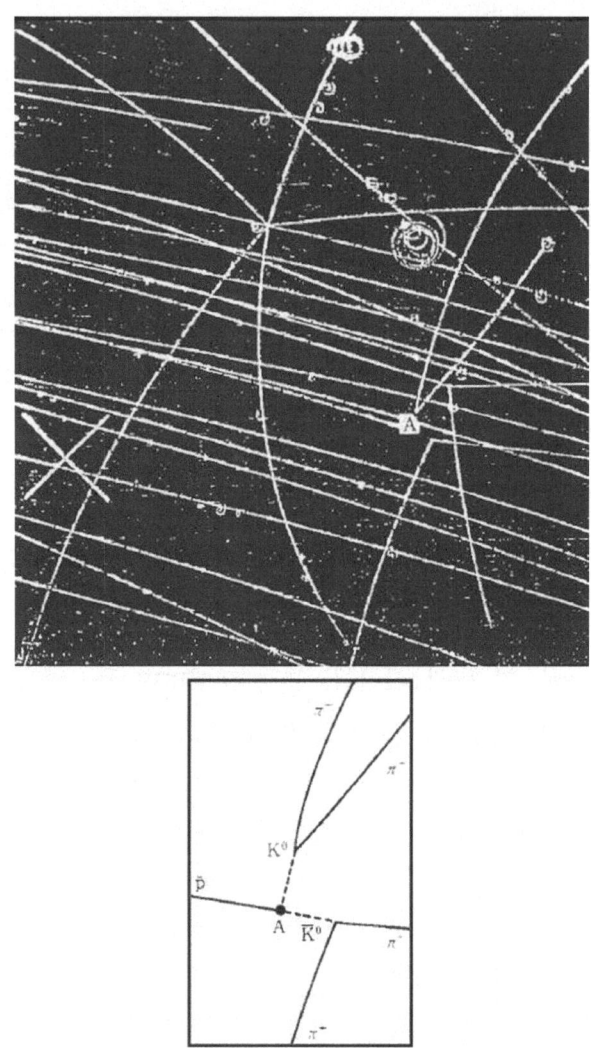

〈그림 4-2〉 반양성자의 쌍소멸. 왼쪽에서 반양성자가 들어와서 A점에서 양성자와 쌍소멸했다. 거기서부터 중성의 K^0메손, $\bar{K}^0$메손이 발생하고 그것들이 거듭 π^+, π^-로 붕괴하고 있다

다. 바로 그대로다! 빛은 파동이고 입자이기도 하다*. 빛의 입자적인 성질에 주목했을 때 그것을 '광자(光子)'라 부른다.

그러면 이야기를 원래대로 되돌리자. 전자-양전자를 생성하는 질량 제로의 소립자—이것이 광자이다. 어미 광자로부터 2명의 아이, 전자-양전자가 태어났다고 생각하면 이야기는 잘 진행된다. 여기까지 왔을 때 "잠깐 기다리게. 질량 제로의 어미로부터 질량을 가진 아이가 태어나다니, 그런 바보 같은 이야기는 없다"는 반론이 나왔다. "고등학교 화학 시간에 〈반응 전과 후 질량의 총합은 보존된다〉라는 '질량 보존의 법칙'을 배웠는데 사진의 반응은 그것에 반하고 있는 것이 아닌가"라는 의문도 들려온다.

뉴턴에서 아인슈타인으로

1매의 사진이 여러 가지 논의를 야기했다. 이 현상을 근본부터 이해하기 위해서는 우리들의 상식을 초월한 새로운 지식을 도입해야 한다. 여기서 아인슈타인이 제안한 '특수상대론'이 등장한다.

뉴턴의 고전역학에서 시간과 공간은 서로 관계가 없는 독립된 존재였다. 아인슈타인은 3차원의 유클리드 공간과 1차원의

---

* 빛의 입자성을 보여주는 현상으로는 광전 효과가 있다. 이것은 금속 면에 빛을 쬐면 즉각 전자가 튀어 나가는 현상이다. 물질 중에 속박된 전자를 내쫓기 위해서는 속박의 힘을 웃도는 에너지를 부여해야 한다. 빛을 파도라고 생각했을 때 파도는 공간의 넓은 영역에 걸쳐서 진행해가므로 미세한 원자 한 알씩에 충돌하여 충분한 에너지를 부여할 수 없다. 빛을 입자라고 생각하면 전자와의 충돌은 당구처럼 순간적으로 일어나므로 즉각 전자가 튀어 나간다는 실험 사실을 자연히 설명할 수 있다.

시간을 통합해서 4차원의 민코프스키 공간을 생각하여 시간과 공간이 서로 관계한다는 새로운 이론을 구축했다. 시간과 공간은 물리법칙을 기술함에 있어서 가장 기본적인 물리량이므로 그 사고 방법은 그 밖의 여러 가지 물리량이나 자연법칙에 영향을 준다. 그러한 것의 하나에 에너지 개념이 있다. 특수상대론에 의해서 그때까지의 낡은 에너지 개념은 어쩔 수 없이 변경되었다.

뉴턴 역학에 따르면 중력이 작용하지 않는 좌표계, 즉 관성계에서 질량 m킬로그램의 물체가 속도 v(미터/초)로 운동하고 있을 때, 그 물체의 운동 에너지는

$T = (1/2)mv^2$(N: 뉴턴)

으로 표현된다. 특수상대론은 운동 에너지에 대한 이 표식(表式)이 엄밀하게는 올바른 것이 아니고 근사적인 관계식에 불과하다는 것을 밝혔다. 그 근사의 정밀도는 〈물체의 속도 v가 광속 c에 비해서 충분히 작을 때〉라는 조건하에서만 보증된다. 물론 지구상에서 물체의 속도는 광속 c(1초간에 30만 킬로미터)에 비하면 훨씬 느리므로 그러한 물체의 운동을 다루는 한 위의 표식은 상당히 양호한 근사로 성립됨이 예상된다.

그러면 물체의 에너지에 대한 엄밀하게 올바른 표식은 어떻게 되는 것일까. 특수상대론에 따르면 물체가 정지하고 있을 때의 질량을 m_0라 하면 운동하는 물체의 전체 에너지(E)는

$$E = m_0 c^2 \sqrt{1-(v/c)^2}$$

으로 주어진다. 여기서 속도(v)가 광속(c)에 비해서 충분히 작을

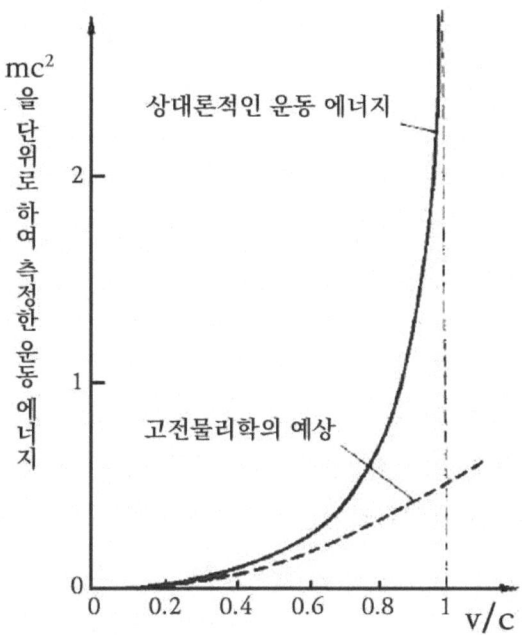

〈그림 4-3〉 입자의 운동 에너지에 대한 고전론적인 계산과 상대론적인 계산을 속도 v/c함수로서 보여준 것

때 위의 식은 양호한 근사로

$$E = (1/2)m_0v^2 + m_0c^2$$

처럼 나타낼 수 있다. 이 식의 제1항은 앞에서 말한 뉴턴 역학의 운동 에너지와 일치하고 있다. 그러나 제2항은 이전에는 나타나지 않았던 것으로 속도 0의 정지한 물체―그 운동 에너지는 제로이다―에서도 m_0c^2의 에너지를 가짐을 보여주고 있다. 이 항은 '정지(靜止) 에너지'라 불리고, 물체가 갖는 고유의 내부 에너지를 나타내는 것으로 생각된다.

그러면 운동 에너지의 엄밀한 표식은 어떻게 되는 것일까. 뉴턴의 운동 에너지 T=(1/2)m_0v^2과의 차이는?

그래서 전체 에너지(E)를

[전체 에너지 E] = [운동 에너지 T] + [정지 에너지 E_0]

와 같이 분해한다. 정지 에너지(E_0)는 정지한 물체의 질량을 m_0 킬로그램, 빛의 속도를 c(=3×10^8미터)라 했을 때

E_0 = m_0c^2[줄]

여기서 정지물체의 질량과 에너지에는 첨자 0을 붙여서 운동하는 물체의 그것과 구별했다. 위의 식으로부터 상대론적으로 엄밀한 운동 에너지는 전체 에너지에서 정지 에너지를 뺀 것, 즉

T = E - E_0

= $[m_0c^2\sqrt{1-(v/c)^2}] - m_0c^2$

상대론적 표식과 근사식(뉴턴의 운동 에너지)의 차이를 그래프로 나타내면 〈그림 4-3〉과 같이 된다. 그래프에서도 알 수 있는 것처럼 물체의 속도가 광속에 비해서 작을 때 양자(兩者: 일정한 관계에 있는 두 개의 사물)는 거의 같은 값을 보이지만 물체의 속도가 커짐에 따라서 근사식과의 어긋남이 커진다. 그리고 물체의 속도가 광속이 되었을 때 운동 에너지는 근사식에서 m_0c^2/2가 되지만 올바르게 상대론적으로 취급하면 무한대가 된다.

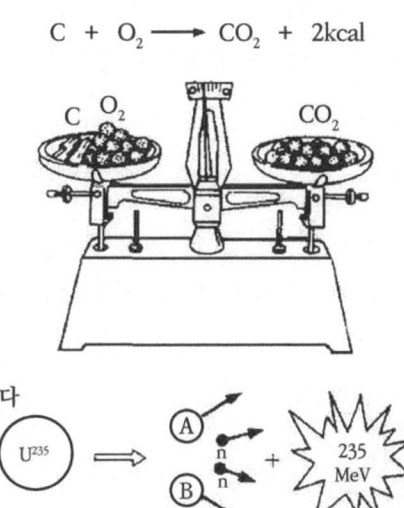

$$C + O_2 \longrightarrow CO_2 + 2kcal$$

① 물체를 연소시키면 열이 발생하고 질량이 상실된다

② 우라늄(U^{235})의 핵분열로 235MeV의 에너지가 방출된다

〈그림 4-4〉 석탄의 연소와 원자력 발전

질량에서 에너지가

특수상대론의 에너지에 대한 관계식은 정지질량과 정지 에너지가 비례하는 것을 의미하고 있다. 결국 적절한 수단이 있으면 질량과 에너지는 서로 전화(轉化: 질적으로 바뀌어서 달리 됨)할 수 있는 것이다.

여기까지 오면 사진의 현상은 쉽게 이해할 수 있을 것이다. 즉 빛은 질량이 제로여도 에너지를 가질 수 있고, 그 에너지가 전자와 양전자의 질량으로 전화했다고 생각하면 이치가 맞는다. 제2의 사진(그림 4-2)은 좌로부터 다가온 반양자가 수소 안개상자 속의 양성자와 부딪쳐서 소멸하고 그들 질량이 에너지로 전화한 것을 보여주고 있다. 특수상대론 덕분에 불가사의한 사진의 계교(계략)를 밝힐 수 있었다.

모든 물체는 가령 그것이 운동을 하지 않아도 막대한 에너지를 가짐을 알았다. 예컨대 질량 1킬로그램인 물체의 정지 에너지는

$$E_0 = 1 \times (3 \times 10^8) = 9 \times 10^{16} [줄]$$

이만큼의 에너지를 얻기 위해서는 석탄 약 300만 톤을 연소시켜야 한다. 이것은 일본 전체에서 소비하는 에너지의 수일분에 상당한다!

물체가 연소, 폭발 등에 의해서 에너지 ΔE를 외부에 방출하면

$$\Delta E = \Delta m c^2$$

으로 결정되는 Δm만큼 그 물체의 질량이 감소한다는 것, 즉 '질량 결손'이 생기는 것을 예언할 수 있다. 이 식은 '아인슈타인의 관계식'이라 불리고 에너지가 대량으로 방출되는 원자핵 반응에 의해서 검증되고 있다.

우라늄 235가 핵분열하여 몇 갠가의 작은 원자핵이 될 때 약 0.1퍼센트의 질량 결손이 있고, 거기서 발생하는 에너지를 이용해서 원자력 발전이 행해지고 있다. 또 태양 속에서는 수소로부터 헬륨으로 핵융합 반응이 진행되고 있는데, 이때는 약 0.7퍼센트의 질량 결손이 있다. 태양은 매초 450만 톤이나 되는 질량을 소비함으로써 막대한 에너지를 생산하고 있는 것이다. 우리들은 태양의 은혜에 감사해야 한다!

그러면 보통 우리들이 이용하고 있는 화석 에너지의 질량 결손은 얼마만큼일까. 이야기를 간단히 하기 위해 연소의 프로세스를 탄소(C)가 산소(O_2)와 결합해서 탄산가스(CO_2)가 된다고 생각하기로 하자. 탄소 1그램을 연소시켰을 때 2킬로칼로리의

열에너지가 발생하므로

$$C + O_2 \rightarrow CO_2 + 2킬로칼로리$$

결국 이 반응에서 연소 후의 CO_2의 질량은 연소 전의 $(C+O_2)$의 질량에 비해서 조금 가벼워져 있고 그 질량 결손이 2킬로칼로리라는 열에너지로 전화한 것이다. 1킬로칼로리는 4.2킬로줄에 상당하므로 '아인슈타인의 관계식'에 $\Delta E = 4.2 \times 2 = 8,400$ [줄], $c = 3 \times 10^8$[미터/초]를 대입하여

$$\Delta m = \Delta E / c^2$$

$$= 8400 / (3 \times 10^8)^2$$

$$\sim 10^{-13} 킬로그램 = 10^{-10} 그램$$

의 질량 결손이 있었다는 것이 된다. 연소에 의해 탄소 1그램에 대해서 10^{-10}그램의 질량을 소비한 것이므로 열에너지가 되는 비율은 100억 분의 1에 불과하다. 연소란 땅속에 있는 화석연료를 대부분 그대로 탄산가스로 만들어 대기 중에 방출하는 행위의 결과이다.

질량은 바뀐다

화학반응에서는 〈반응의 전후에서 질량이 변화하지 않는다〉라는 '질량 보존의 법칙'이 나온다. 예컨대 앞에서 언급한 탄소 연소의 경우가 예로서 흔히 인용된다. 그러나 상대론적인 효과를 고려하면 열의 방출에 의해서 100억 분의 1의 질량이 상실되고 있는 것이므로 질량 보존의 법칙은 엄밀하게는 성립하지

않는다. 100억 분의 1이라는 미소한 양은 실제로는 문제가 되지 않는 것일까. 질량 보존의 법칙이 근사적인 법칙이라는 것에 충분히 주의해야 한다.

원자핵이나 소립자가 관계하는 반응에서 질량의 변화는 매우 커서 상대론적으로 엄밀한 취급이 필요해진다. 예컨대 사진에 보는 것 같은 소립자 반응에서는 질량 제로(빛)로부터 유한의 질량(전자와 양전자)이 생기거나 그 반대의 현상이 일어나거나 한다. 아무튼, 에너지와 질량은 서로 전화하는 것이기 때문에 반응의 전후에서 질량만을 고려하고 있다가는 생각이 뒤떨어진다.

오히려 질량이 에너지의 한 모습이라고 생각하면, 반응을 통해서 불변인 양은 상대론적으로 기술한 〈전체 에너지, E〉가 된다. 그래서 운동하는 물체의 전체 에너지(4-2. '뉴턴에서 아인슈타인으로' 참조)를

$$E = [m_0 / \sqrt{1-(v/c)^2}\,]c^2$$

과 같이 적어본다. 이 식을 정지한 물체의 전체 에너지

$$E_0 = m_0 c^2$$

과 비교해 보면 물체의 운동에 수반해서 정지질량(m_0)이

$$m = [1/\sqrt{1-(v/c)^2}\,]m_0$$

와 같이 변화했다고 생각할 수 있다. 위의 식에서 m_0의 앞의 인자는 로런츠 인자라 불리고 상대론 속에서 흔히 눈에 띄는 양이다. 운동하는 물체의 전체 에너지는 mc^2이라 적을 수 있다.

로런츠 인자가 물체의 속도(v)와 함께 어떻게 변화하는가를

2, 3의 예에 대해서 구체적으로 추정해 보자. 물체가 정지하고 있을 때, 즉 v=0일 때 로런츠 인자는 1이 되어

$m = m_0$

이것은 정지하고 있는 물체가 정지질량을 갖는다는 당연한 결과를 보여주고 있다. 다음으로 마하 1로 나는 제트 비행기를 생각한다. 마하 1이란 음속, 즉 매초 330미터(v=330)이다. 이 값과 $c=3\times 10^8$(미터/초)을 대입하면 로런츠 인자의 1부터의 어긋남은 약 1조 분의 1(10^{-12})이라는 미소한 양이 된다. 지상에서 실현할 수 있는 매크로의 물체 속도는 고작 수 마하일 것이니까, 속도에 따라서 질량이 증대한다는 효과는 무시할 수 있음을 알 수 있다.

장래에 초고속의 로켓이 만들어졌다 하자. 가령 그것이 광속의 80퍼센트로 날 수 있다고 하면 로런츠 인자는 1.7이 되고 로켓과 함께 나는 물체의 질량은 1.7배나 된다. 로런츠 인자는 속도가 광속에 접근하면 급속히 커져 v=c에서는 무한대가 된다. 결국 질량이라는 물질에 고유의 양이라 하여도 그것은 결코 불변의 양은 아니고 물체의 속도에 의존해서 얼마든지 증대하는 것이다.

반물질의 세계

질량 결손에 관한 '아인슈타인의 관계식'을 이용해서 100퍼센트의 효율로 물질의 질량을 에너지로 전화하거나, 그 반대로 에너지를 모두 질량으로 전화할 수는 없는 것일까. 만일 그것이 가능하다면 인류는 영원히 에너지 때문에 괴로워할 일은 없다!

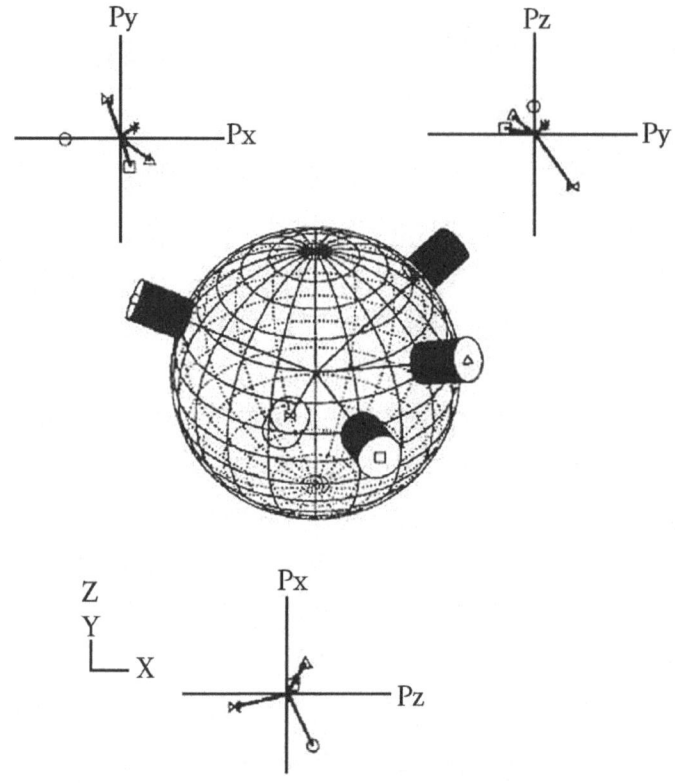

〈그림 4-5〉 e⁻+e⁺→5ν 반응. 중심에서 전자-양전자가 소멸하고, 주위에 설치되어 있는 원통 모양의 측정기로 검출되었다

 답을 먼저 말하면 "yes"이다. 다만 소립자 세계의 이야기지만.
 3장에서 언급한 것처럼 모든 소립자에는 반입자가 대응하고 있다. 전자에는 양전자, 양성자에는 반양성자, 중성자에는 반중성자라는 것처럼. 이들 소립자에서는 입자와 반입자를 충돌시킴으로써 두 질량을 전부 소멸시켜 에너지로 전화할 수 있다.

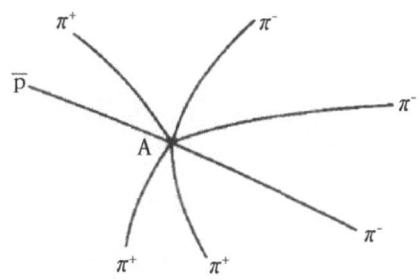

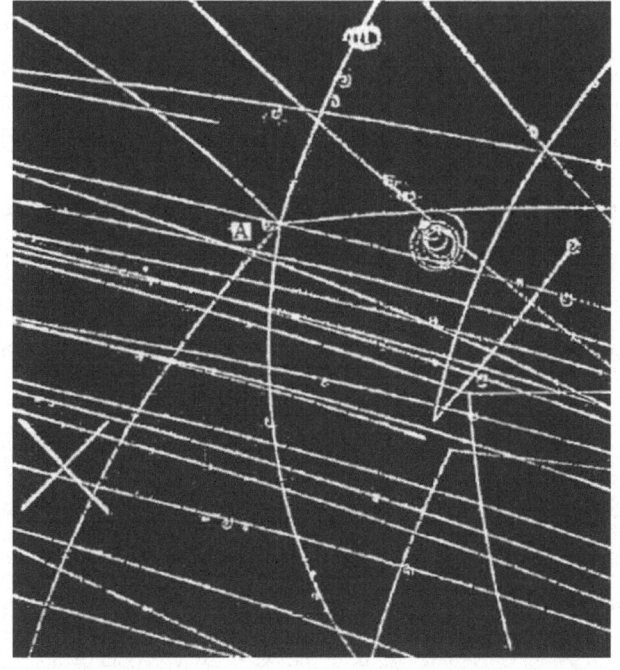

〈그림 4-6〉 $\bar{p}+p \rightarrow 3\pi^+ + 3\pi^-$ 반응의 안개상자 사진

예컨대 전자(e^-)와 양전자(e^+)의 소멸 반응에서는 질량이 모두 빛의 에너지로 전화하여

$$e^- + e^+ \rightarrow 2\gamma,\ 3\gamma,\ 4\gamma,\ 5\gamma \cdots\cdots$$

처럼 전자기파의 일종인 '감마선(γ)'이 몇 개나 튀어나온다. 나의 연구실에서는 지난해 세계에서 처음으로 5개 감마선의 생성 반응을 관측할 수 있었다. 전자-양전자의 질량이 5개의 감마선의 에너지로 분배되어 전체 에너지의 보존 법칙이 성립하고 있음이 확인됐다.

전자-양전자뿐만 아니고 모든 입자와 반입자는 소멸 반응을 일으킨다. 〈그림 4-6〉은 반양성자($\bar{p}$)가 양성자(p)와 소멸해서 6개의 파이메손($3\pi^+$, $3\pi^-$)이 생성된 반응

$$\bar{p} + p \rightarrow 3\pi^+ + 3\pi^-$$

의 안개상자 사진을 보여준다. 반양성자-양성자의 질량이 3개의 파이메손의 질량과 그들의 운동 에너지로 전화한 것이다.

에너지에서 질량으로 전화한 예는 앞에 보여준 〈그림 4-1〉을 보면 일목요연할 것이다. 위의 최초의 예인 역반응이고 감마선의 에너지가 전자-양전자의 질량으로 전화하고 있다. 그 예에서도 알 수 있는 것처럼 모든 질량을 에너지로 전화시키는 것은 소립자 수준에서는 극히 일반적인 현상이지만 이것을 매크로의 규모로 실현할 수 있는 것일까.

물질은 양성자, 중성자, 전자로 구성된다. 이들 3개의 소립자에는 모두 그 반입자인 반양성자, 반중성자, 양전자가 대응하고 있다. 그렇다면 양성자, 중성자, 전자로부터 물질이 만들어져 있는 것이므로 반양성자, 반중성자, 양전자로부터 반물질을 만들 수 있다는 것이 예상된다. 그리고 입자와 반입자가 소멸해서 그 질량이 모두 에너지로 전화한 것처럼 물질과 반물질을

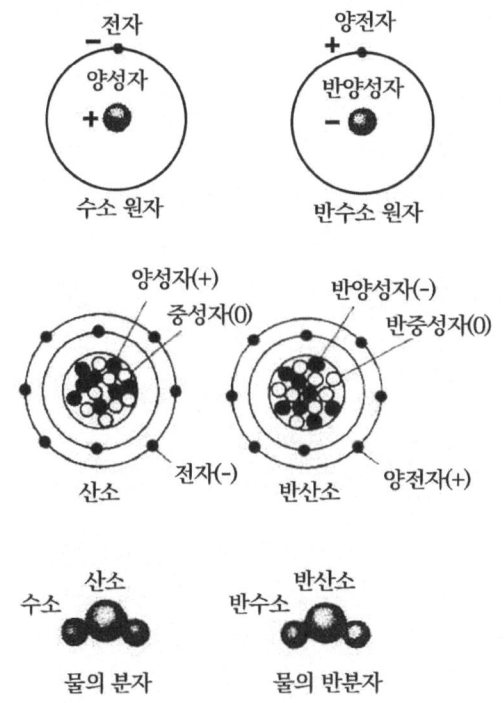

〈그림 4-7〉 반수소 원자, 반산소 원자, 물의 반분자 '반수(反水)'

충돌시키면 양자(兩者: 두 개의 사물)를 모두 에너지로 바꿀 수 있는 것은 아닐까—그러한 추론이 가능할 것 같다.

  그래서 먼저 물질과 대응시키면서 반물질의 구조를 생각하기로 하자. 수소 원자는 양성자와 그 주위를 회전하는 전자라는 구조를 갖는다.

  여기서 양성자를 반양성자로, 전자를 양전자를 바꿔 놓으면 '반수소 원자'가 만들어진다. 마찬가지로 하여 산소 원자는 양성자, 중성자, 전자가 각각 8개씩으로 구성되므로 이들을 모두 반입자, 즉 반양성자, 반중성자, 양전자로 바꿔 놓아주면 '반산소 원자'를 만들 수 있다.

수소 원자 2개와 산소 원자 1개가 결합한 것(H_2O)이 물의 분자이므로 앞에서 만든 반원자, 즉 반수소 원자 2개와 반산소 원자 1개로부터 물의 반분자 '반수'를 만들 수 있다. 이리하여 모든 물질에 대해서 그 반물질을 대응시킬 수 있다.

그러나 반물질이 존재할 수 있다는 이론적인 근거가 있기는 하지만 그것이 우리가 사는 물질 세계의 어디에 있는가라는 것이 되면 이야기는 다르다. 이미 가끔 보아온 것처럼 입자와 반입자에는 그것들이 부딪치면 즉각 소멸한다는 성질이 있으므로, 반물질은 물질과 공존할 수 없기 때문이다. 우리가 사는 물질 세계에 반물질이 존재할 수 없는 이상 물질을 매크로의 규모로, 전부 에너지로 전화하는 것은 불가능하다.

100퍼센트의 효율로 질량을 에너지로 전화시켜 미래의 에너지를 약속한다는 발상은 꿈같은 이야기로 끝났다. 우리들은 화학반응이나 핵반응을 상세히 연구하면서 한 걸음 한 걸음 에너지 효율을 높여가는 순수한 노력을 계속해야 한다.

질량을 에너지로

소립자의 질량은 아찔할 정도로 작다. 예컨대 양성자의 (정지)질량이 1.67×10^{-27}킬로그램, 전자의 질량은 다시 그 1,840분의 1이라는 것처럼 야채나 과일을 측정하는 것이라면 모를까 소립자의 질량을 킬로그램으로 나타내는 것은 실제적이 아니다. 한편 이미 1장에서 언급한 것처럼 소립자나 원자의 에너지는 전자볼트라는 단위로 측정된다. 그래서 에너지와 질량은 서로 비례한다($E=mc^2$)는 점에 착안해서 질량을 에너지의 단위인 전자볼트를 사용해서 나타내 보자.

양성자의 정지질량을 모두 에너지로 변환시키면 정지 에너지는

$$E = mc^2$$
$$= (1.67 \times 10^{-27}) \times (3 \times 10^8)^2$$
$$= 1.5 \times 10^{-10} [줄]$$

이 된다. 다만 이하의 논의에서는 착오가 없는 한 정지 에너지(E)나 정지질량(m)에는 첨자 0를 붙이지 않기로 한다. 1전자볼트(eV)는 단위의 전하(e)를 갖는 입자—양성자, 전자 등—가 1볼트(V)의 전압 속에서 운동할 때에 얻는 에너지이다. 전하(e)의 전기량은 1.6×10^{-19}쿨롱이므로

$$1eV = 1.6 \times 10^{-19} \times 1$$
$$= 1.6 \times 10^{-19} [줄]$$

따라서 양성자의 정지 에너지(E)를 전자볼트로 나타내면

$$E = 1.5 \times 10^{-10} / 1.6 \times 10^{-19}$$
$$= 9.38 \times 10^8 [eV]$$
$$= 938 [MeV]$$

가 된다. 여기서 $1MeV = 10^6 eV$이다.

이와 같이 하여 모든 소립자에 대해서 그 질량을 사용하여 정지 에너지를 계산할 수 있다. 그 단위는 100만 전자볼트(MeV)라든가, 그것보다 1,000배 큰 10억 전자볼트(GeV)가 흔히 사용된다. 양성자, 중성자의 정지 에너지는 대략 1GeV라

기억해 두어도 된다.

　만일 질량을 에너지로 대용하는 것에 저항을 느끼는 사람이 있다면 수치는 그대로 하고 단위만을 질량의 단위

$$[m] = [E/c^2]$$
$$= [MeV/c^2], [GeV/c^2]\cdots\cdots$$

로 바꿔 두면 된다. 이렇게 하면 양성자의 질량은 938[MeV/c^2]이라는 것처럼 질량 그 자체를 나타낼 수 있다. 어차피 그 수치 938은 바뀌지 않는 것이므로 나머지는 그것을 정지 에너지로 보는가 정지질량으로 보는가의 차이고 그것을 분명히 하고 싶으면 단위를 보면 된다.

　이처럼 질량과 에너지의 비례관계 $E=mc^2$을 사용해서 질량을 에너지로 나타내면 이제부터 언급하는 것처럼 여러 가지 편리한 일이 있다. 가속기로 입자와 반입자를 충돌시킬 때 거기서 얻어지는 에너지는 입자-반입자의 에너지를 더한 것이 된다. 예컨대 쓰쿠바의 고에너지물리학연구소에 있는 가속기 트리스탄에서는 전자-양전자의 에너지가 각각 30GeV이므로 트리스탄은 전체 에너지 60GeV를 발생시킬 수 있다.

　이 가속기에 의해서 소립자를 만들어 내는 것을 생각해 보자. 양성자와 반양성자의 쌍을 n개 만든다면 반응 과정은

$$e^- + e^+ \to n(p+\bar{p})$$

처럼 적을 수 있다. 양성자-반양성자쌍 1개의 질량은 0.938×2=1.876[GeV/c^2]—따라서 그 에너지는 1.876[GeV]—이므로 이 반응에서 만들어지는 양성자-반양성자의 개수는 최대

60 ÷ 1.876 = 31.98

즉, 31개라는 것을 바로 알 수 있다. 또 미지의 소립자가 쌍으로 생성될 때 최대 30(GeV/c^2)까지의 질량을 가지는 소립자라면 트리스탄으로 발견할 수 있다.

금세기 최대의 가속기 SSC가 완성되었다면—20TeV끼리의 양성자를 충돌시킨다—원리적으로 약 20TeV(20조 전자볼트)까지의 무거운 질량을 갖는 새로운 소립자의 쌍을 생성할 수 있다. 에너지의 향상에 따라서 소립자의 세계가 쭉쭉 넓어짐을 알 수 있을 것이다.

광속에 다가선다

가속기는 소립자를 높은 에너지로 가속하는 장치다. 가속기의 타입은 충돌형과 정지 타깃형으로 나뉜다. 전자는 2개의 소립자를 정면충돌시키는 장치이고, 후자는 멈춰 있는 타깃—그것은 멈춰 있는 소립자이기도 하다—에 고에너지 소립자를 충돌시키는 장치이다. 오늘날의 고에너지물리학의 연구에서는 전적으로 충돌형 가속기가 이용되고 있는데 그것은 이 타입의 가속기 쪽이 높은 에너지를 생성하는 데 적합하기 때문이다.

앞 절에서도 언급한 것처럼 충돌로 해방되는 에너지가 클수록 질량이 큰 미지의 소립자를 발견할 가능성도 확대된다. 이론이 예측하는 가지가지의 소립자—그것들은 무거운 질량을 갖는다—를 발견하는 것이 현재 우리가 직면하고 있는 최대의 과제이고 그를 위해서는 높은 에너지가 필요하다.

전자, 양성자 등 전하를 가진 소립자(하전 입자)가 일정 속도

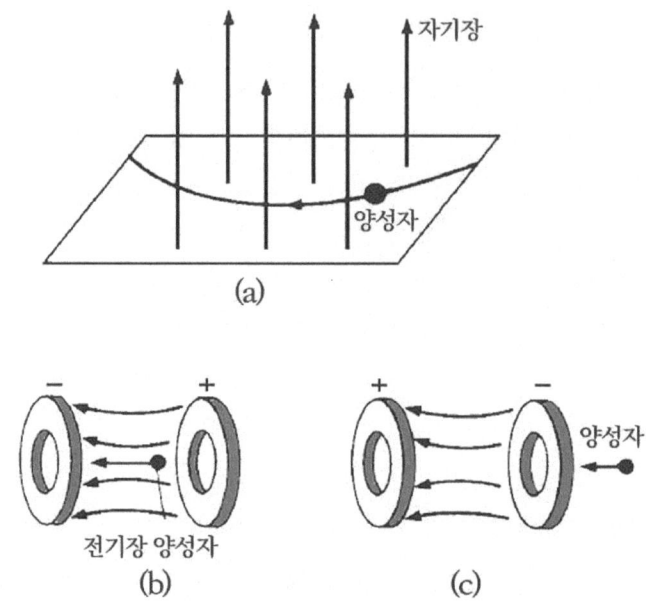

〈그림 4-8〉 하전 입자(여기서는 양성자)는 로런츠의 힘에 의해서 자기장 중에 굽혀지고(a), 전기장에 의해 가속된다(b, c)

로 직선 운동을 하고 있다 하자. 거기서 운동 방향과 직각으로 자기장을 걸면 소립자는 로런츠 힘*에 의해서 자기장의 주위에서 회전을 시작한다. 이때의 회전반지름은 소립자의 속도에 비례해서 커진다. 결국 속도가 커지면 구부리기 힘들어지는 것이다. 오토바이로 급커브를 틀려고 할 때 스피드가 높으면 회전의 바깥쪽에 폼이 끌려서 구부리기 힘든 경험을 한 일이 있을 것이다. 구부리려고 하는 로런츠의 힘과 구부러지는 것을

---

* 하전 입자의 전하를 e, 속도를 v, 자속밀도(단위넓이에서 자기선 속의 양으로, 물질과 진공의 이 밀도를 합한 물리량)를 B라 하면 로런츠의 힘의 크기는 evB로 주어진다.

방해하는 원심력*이 균형이 잡혀서 하전 입자는 일정한 반지름의 원둘레 위를 회전 운동한다.

  가속기의 자기장은 둥근 터널 속에 배열된 다수의 대형 전자석(電磁石)에 의해서 만들어진다. 소립자의 에너지를 높이려고 하면 전자석의 수도 많아져 가속기는 거대화(巨大化)된다. 예컨대 SSC에서는 길이가 15미터나 되는 초전도 전자석이 1만 대나 사용될 예정이었는데 그 결과로 건설 비용이 높아졌다. 이제까지 가속기는 에너지와 비용의 싸움 속에서 발전해 왔다. 로렌츠 힘은 자기장의 세기에 비례하므로 자기장**을 세게 해서 회전반지름을 작게 하면 되는 것이지만 그것도 기술적인 한계가 있다.

  하전 입자의 회전은 자기장에 의해서 발생하지만 하전 입자의 가속에는 전기장이 필요하다. 지금 플러스와 마이너스의 전극 간에 플러스의 전하를 갖는 하전 입자, 예컨대 양성자를 놓았다 하자. 잘 알려져 있는 것처럼 같은 종류의 전하(플러스와 플러스, 또는 마이너스와 마이너스)는 서로 반발하고 다른 종류의 전하(플러스와 마이너스)는 서로 끌어당긴다. 따라서 양성자는 플러스극에서 반발되고 마이너스극에 끌린다. 이리하여 양성자는 운동 에너지를 얻어 가속되는 것이다. 다만 이러한 방법으로는 양성자가 전극판에 부딪쳐 버리기 때문에 궁리가 필요하다.

---

* 질량 m의 입자가 속도 v, 반지름 r로 원운동할 때, 이 입자에 작용하는 원심력은 mv^2/r이 된다. 이 원심력과 로렌츠의 힘을 똑같다고 두면 회전반지름 $r=mv/eB$(=일정)가 얻어진다.
** SSC에서 사용될 예정이었던 전자석의 최고 자기장은 6.6테슬라(Tesla, 6만 6천 가우스)이다. 덧붙이면 지구의 자기장(지자기: 地磁氣)은 0.3가우스 정도이다.

가속기에서 실제로 사용되는 가속전극은 〈그림 4-8〉의 (b), (c)처럼 한가운데에 둥근 구멍이 뚫려 있다. 지금 양성자가 플러스 전극을 빠져나간 곳에 있었다 하자(〈그림 4-8〉의 (b)). 양성자는 마이너스극을 향해 가속되어 그대로 마이너스 전극을 빠져나간다. 양성자가 링을 일주해서 다시 가속전극에 오른쪽으로부터 접근해 왔을 때 미리 전극의 부호를 전환해 두면, 양성자는 그 앞쪽에 있는 마이너스 전극에 끌려서 전극을 통과한다 (〈그림 4-8〉의 (c)). 이때 재차 전극의 부호를 전환하면 〈그림 4-8〉 (b)의 상태로 되돌아간다.

전극의 전압은 양성자의 운동에 동기(Synchronize)해서 플러스와 마이너스를 반복하지만 이와 같이 시간적으로 변동하는 전압을 고주파 전압이라 부른다. 이리하여 양성자는 가속전극을 빠져나갈 때마다 가속을 받는 것이다.

만일 SSC가 만들어져 있다면 거기서 최고 에너지(20TeV=20조 전자볼트)로 가속된 양성자는 어느 정도의 속도가 되는 것일까. 앞에 설명한 상대론의 관계식

$$E = [m_0 c^2 / \sqrt{1-(v/c)^2}\,]$$

에 E=20TeV=20,000GeV, m_0(양성자의 질량)=0.938GeV/c^2을 대입해서 계산하면 광속(c)에 대한 양성자의 속도(v)의 비는

v/c = 0.999999999

가 된다. 이것은 거의 광속과 같은 속력이다.

이때 양성자의 질량은 상대론적인 효과에 의해서 정지질량의 200만 배나 된다! 만일 이 양성자를 사용해서 1일간 실험을 하

였다 하면 그동안에 양성자는 260억 킬로미터의 거리를 달린다. 이것은 달-지구 사이를 3만 번 왕복하는 거리에 상당한다!

더 에너지를

 충돌형 가속기에서는 전자-양전자, 양성자-반양성자처럼 입자와 그 반입자를 가속하는 경우와 입자끼리―SSC처럼 양성자와 양성자―를 가속하는 경우가 있다. 입자와 반입자는 질량은 같고 전하의 부호가 반대이므로 같은 자기장 속에서 동일 궤도상을 반대 방향으로 회전한다. 따라서 입자-반입자의 가속에는 터널은 물론 가속기의 링도 하나로 충분하다. 링 속을 회전하는 입자는 보통 번치라 부르는 〈덩어리〉가 돼서 운동하고 있다. 〈그림 4-9〉처럼 전자와 양전자의 번치가 2개씩일 때 그들은 원둘레상의 4군데(〈그림 4-9〉의 ×의 점)에서 충돌한다. 이 충돌점 주위에 측정기를 설치해서 반응으로 생성되는 소립자를 측정한다.
 한편 입자끼리, 예컨대 양성자-양성자의 가속에서는 역방향의 자기장을 갖는 2종류의 전자석을 필요로 한다. 동일 자기장 속에서 2개의 양성자는 반대 방향으로 회전하므로 그들을 동일 원둘레상에 유지할 수 없기 때문이다. 그래서 교차하는 2개의 링을 준비하여 그 교차점에서 충돌을 일으키는 것이다.
 전자-양전자를 가속하는 경우와 양성자-반양성자를 가속하는 경우에는 가속기 크기에 차이가 생긴다. 일반적으로 전자나 양성자 등의 하전 입자는 빛을 방출하거나 흡수하거나 하는 성질을 갖는다. 하전 입자의 주위에는 이러한 빛이 착 달라붙어 있다. 즉 하전 입자는 빛의 옷을 입고 있는 것이다! "그러한 것은

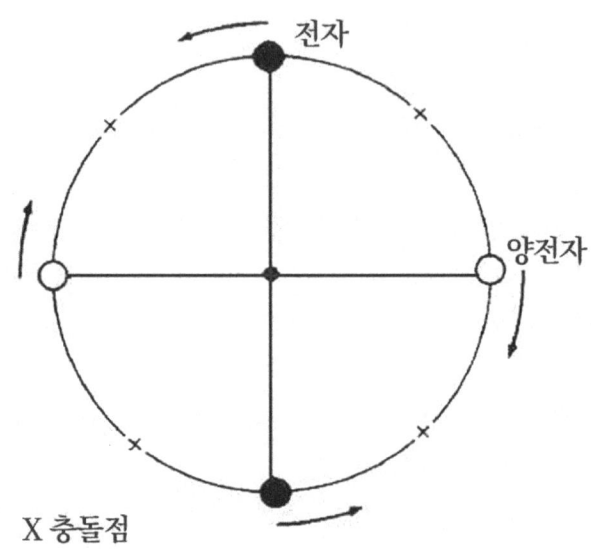

〈그림 4-9〉 가속기의 링 속을 회전하는 전자-양전자의 충돌점

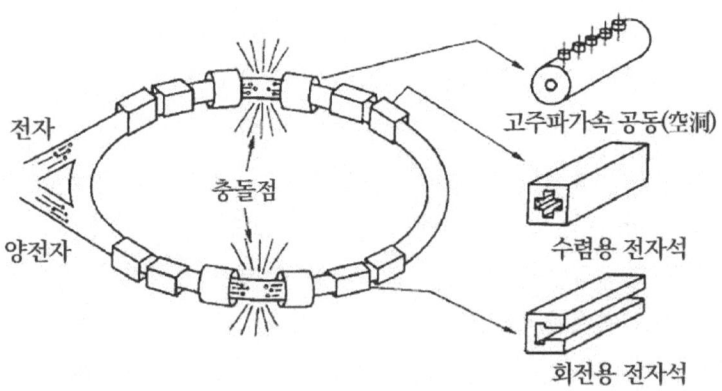

〈그림 4-10〉 전자-양전자 가속기의 개념도

믿을 수 없다"라고 말하는 독자에게는 빛의 옷을 벗겨 내어 보일 수 있다.

전자를 자기장 속에서 달리게 하면 전자는 전하를 가지므로 회전한다(가속기의 원리를 상기하라). 한편 전기적으로 중성인 빛의 옷은 그대로 전자 궤도의 접선 방향으로 내던져진다. 이러한 빛은 '싱크로트론 방사광(放射光)'이라 부른다. 여기까지 말하면 누구라도 그 존재를 믿지 않을 수 없을 것이다. 전자를 원운동시키면 궤도의 접선 방향으로 빛이 방사되고, 그것이 전자의 에너지를 밖으로 운반하는 것이다. 특히 전자와 같이 질량이 작은 소립자를 가속하는 경우에는 방사광에 의한 에너지 손실이 심각한 문제가 된다.

전자의 가속에서 방사광은 골칫거리지만, 이것은 나름대로 여러 가지 용도가 있다. 빛의 옷을 실제로 끄집어내서 그것을 물질에 충돌시켜 물질의 마이크로 구조를 밝히려고 하는 연구가 세계 각지에서 행해지고 있다. 일본에서도 효고(兵庫)현의 하리마(播磨) 과학공원도시에 대형 방사광 시설이 건설되고 있다.

이와 같이 전자를 가속하려고 높은 전기장을 걸어 에너지를 투입해도 그 곁에서 에너지가 방사광으로 상실되어 버린다. 그래서 같은 크기의 원형 가속기로 전자와 양성자를 가속하는 경우를 비교해 보면 전자 쪽이 훨씬 능률이 나쁘다.

그러면 오늘날 가동되고 있는 세계의 충돌형 가속기 중에서 그 대표적인 것을 보기로 하자. 먼저 전자-양전자 충돌형 가속기부터 보자. 1987년에는 쓰쿠바의 고에너지물리학연구소에서 '트리스탄'이 가동을 시작했다. 당시 표준모형이 예상하는 6개의 쿼크 중 6번째 톱 쿼크만이 아직 발견되지 않았다. "톱 쿼

〈그림 4-11〉 트리스탄 비너스 측정기
(쓰쿠바에 있는 문부성 고에너지물리학연구소)

크를 발견하자!"가 트리스탄 프로젝트의 표어였다. 트리스탄은 전자(양전자)의 에너지가 25GeV, 따라서 전체 에너지 50GeV에서 출발하였는데 이것은 당시로서는 세계 최고의 에너지였다. 그 후 64GeV까지의 에너지 영역을 탐색하였지만 유감스럽게도 아직 톱 쿼크는 발견되지 않았다. 트리스탄은 둘레 3킬로미터의 크기이고 궤도상 4군데의 충돌점에 실험실이 설치되어 있다.

1989년에는 유럽합동원자핵연구기관(CERN, 세른)에서 트리스탄의 약 1.5배(90GeV)의 에너지를 발생하는 LEP(Large Electron Positron Collider)가 완성되어 현재 가동 중이다. LEP의 계획은 제1기(LEP1)와 제2기(LEP2)로 나뉘어서 추진되는데, LEP1의 에너지가 100GeV까지인 것에 반해서 LEP2는 200GeV를 지향한다. LEP1의 에너지는 트리스탄의 1.5배에 불과하지만 그 크기는 트리스탄의 10배 가까이(27킬로미터)나 된다.

쿼크의 충돌

양성자나 반양성자 등의 바리온은 3개의 쿼크로 구성된다. 따라서 이들 입자의 충돌은 쿼크끼리의 충돌을 의미한다. 결국 하드론 충돌형 가속기(하드론 콜라이더)는 쿼크의 성질을 해명하는 데에 적합하고, 그러한 의미에서 전자-양전자 콜라이더와는 상호보완적인 역할을 수행한다.

하드론 콜라이더로서는 양성자-반양성자 충돌과 양성자-양성자 충돌을 생각할 수 있다. 전자는 하나의 링으로 충분하지만 후자에서는 2개의 링에서 따로따로 양성자를 가속한다. 양성자도 반양성자도 같은 하드론이면서 어째서 일부러 2개의 링을 준비해서까지 양성자끼리 가속시키는 것일까? 양성자는 물질 중에 얼마든지 존재하지만 반양성자($\bar{p}$)는 하드론끼리의 소립자 반응, 예컨대

$$p + p = p + p + p + \bar{p}$$

에 의해서 생성된다. 요컨대 먼저 가속기에서 고에너지의 양성자를 만들고 그 양성자를 일단 가속기 밖으로 끄집어내서 별개의 양성자 타깃에 충돌시켜 반양성자를 생성한다. 다음으로 이 반양성자를 집합링 내에 유도하여 거기서 반양성자를 가속한다는 번거로운 절차가 필요해진다.

위의 반응이 일어나는 확률이 작기 때문에 반양성자빔(Beam)의 강도는 상당히 낮아진다. 이러한 것은 양성자-반양성자 충

〈그림 4-12〉 전자-양성자 충돌형 가속기 HERA(위), 측정기 제우스(아래)

돌로 일어나는 드문 현상의 관측이 곤란해짐을 의미한다. 2개의 링을 만듦으로써 건설비는 높아지지만 그 대신 빔의 강도를 높여서 드물게 일어나는 미지의 현상을 발견하고 싶다―양성자-양성자 충돌형 가속기의 건설에는 그러한 기대가 담겨 있다.

양성자-반양성자 콜라이더로는 세른의 SPS와 페르미연구소의 테바트론이 가동되고 있다. 둘 다 둘레는 약 6킬로미터지만 SPS가 600GeV, 테바트론이 2TeV의 에너지를 발생한다. 테바트론은 초전도 전자석에 의해서 강한 자기장을 만들 수 있기 때문에 크기는 SPS와 같아도 에너지는 3배가 된다.

양성자-양성자 콜라이더로서 현재 가동 중인 것은 존재하지 않지만 21세기 초에는 2개의 거대 가속기 SSC와 세른에서 계획 중인 LHC(Large Hadron Collider)가 완성될 예정이었다. 그러나 1993년 10월 미국 의회는 SSC 계획의 중지를 결정했다. 물론 SSC 계획의 중지는 어디까지나 경제적인 이유 때문이고 SSC가 지향하는 물리에 의미가 없어졌다는 것은 아니다. LHC는 LEP의 터널에 양성자 가속링을 2개 건설하여 양성자 에너지 8TeV, 전체 에너지 16TeV를 발생한다는 것이다. LHC의 최대 목표―그것은 SSC의 목표이기도 했다―는 질량의 기원에 관계되는 힉스 입자의 발견이다.

이제까지 언급한 계획은 렙톤끼리(전자-양전자)의 충돌 또는 쿼크끼리(하드론-하드론)의 충돌이었지만 렙톤과 쿼크를 충돌시키려고 하는 가속기도 있다. 독일 전자싱크로트론연구소(DESY)에서 1992년 여름에 가동을 시작한 HERA(Hadron Electron Ring Accelerator)는 30GeV의 전자와 820GeV의 양성자를 충돌시키는 가속기다. 일본에서는 도쿄도립대학과 도쿄대학 원자핵연구소가 제우스 그룹에 참가해서 범용 대형 스펙트로미터 '제우스(ZEUS)'의 건설과 그것을 이용한 실험을 진행시키고 있다.

5장
질량과 힘

뉴턴과 데카르트

1장에서도 언급한 것처럼 질량의 기원을 밝히는 데 힉스 입자는 본질적으로 중요한 역할을 수행한다. 힉스 입자 생성의 메커니즘은 '표준모형'에 의해서 기술된다. 표준모형의 상세한 것은 다음 장에서 언급하지만 그전에 준비해 두어야 할 것이 있다. 표준모형은 물질의 궁극 상태를 해명하는 것을 목적으로 만들어진 이론이다. 물질의 궁극 상태라면 쿼크, 렙톤을 소재로 그것에 작용하는 기본적인 힘에 의해 기술된다. 소재로서의 쿼크, 렙톤에 대해서는 이미 4장에서 설명했다. 남겨진 과제는 〈힘〉을 이해하는 일이다. 이 장에서는 힘의 본질을 상세히 조사하여 표준모형과 힉스 메커니즘을 이해하기 위한 기초 굳힘을 하자.

물질은 분자, 원자, 원자핵, 소립자, 쿼크와 렙톤이라는 것처럼 계층적인 구조를 갖는다. 물질은 수박처럼 한결같지 않고 양파처럼 중층(여러 층) 구조로 되어 있다. 이러한 것은 물질의 기본적인 소재인 쿼크와 렙톤을 아무렇게나 끌어모으는 것—이것은 쿼크, 렙톤의 수박이다—만으로는 물질의 세계를 구성할 수 없음을 의미하고 있다. 쿼크는 반드시 3개씩 모여서 양성자나 중성자와 같은 바리온을 만드는 것처럼 어떤 종류의 질서에 따라서 배열되고 있다. 그 양성자, 중성자가 결합해서 원자핵을 구성하고 원자핵과 전자로부터 원자가 만들어진다.

쿼크는 왜 뿔뿔이 존재하지 않고 3개씩 모이는 것일까. 2개의 쿼크, 4개, 5개……의 쿼크가 속박된 소립자는 왜 존재하지 않는가. 어째서 양성자와 중성자는 단단하게 결합하고 있는가. 이러한 물질의 규칙성은 도대체 어떠한 메커니즘으로 만들어지고 있는 것일까……

지금으로부터 2000년 이상이나 전의 그리스 시대, 인류는 자연계의 질서에 대해서 특별한 관심을 보이게 되었다. 사람들은 먼저 우주에 눈을 돌렸다. 지구의 주위를 많은 행성이 규칙적으로 돌고 있다. 아주 멀리 떨어진 행성에도 힘이 작용하고, 그 힘에 의해서 모든 천체는 질서 바른 세계를 구성하고 있다. 그것은 너무나도 수수께끼 같은 현상이고 신의 조화라고 생각할 수밖에 없었다.

〈그림 5-1〉
R. 데카르트
(1596~1650)

접촉한 물체에 작용하는 힘은 생각하기 쉽다. 그러나 거리를 둔 물체에 작용하는 힘이 되면 이야기는 그렇게 간단하지 않다. 사실상 이제까지 데카르트나 뉴턴을 비롯한 많은 과학자, 철학자가 힘의 원인을 둘러싸고 논의를 벌여 왔다.

잘 알려져 있는 것처럼 최초에 발견된 힘은 천체 간에 작용하는 '만유인력'이었다. 질량 m_1과 m_2를 가지는 2개의 물체가 거리 r의 위치에 있을 때 그 물체에 작용하는 인력의 강도는

$$G \times [m_1 \times m_2 / r^2]$$

과 같이 나타낼 수 있다. 여기서 G는 만유인력상수다. 뉴턴은 만유인력의 법칙을 기초로 하여 행성의 운동에 관한 케플러*

---

* 케플러(1571~1630)는 독일의 천문학자. 프라하에서 튀코 브라헤의 조수가 되어 튀코 브라헤가 오랜 세월 관측한 화성의 운행에 대한 방대한 자료를 분석하여 다음과 같은 케플러의 법칙을 유도해 냈다. (1) 행성은 태양을 초점으로 하는 타원 궤도상을 운행한다. (2) 행성과 태양을 연결하는 직선은 같은 시간에 같은 넓이를 그린다. (3) 행성의 태양으로부터의 평균

〈그림 5-2〉 I. 뉴턴
(1643~1727)

의 법칙을 멋지게 설명하고 근대과학의 기초를 확립했다.

뉴턴이 만유인력의 법칙을 발견했을 때 "힘이란 무엇인가?"에 대해서 데카르트파와 대논쟁이 일어났다. 데카르트에 따르면 힘은—마치 물이나 소리의 파도가 전달되는 것처럼—공간을 시간을 들여서 전달해 간다는 '근접(近接)작용'의 사고 방법으로 이해되어야 했다. 그리고 거기에는 힘을 전달하는 매질(媒質)—물이나 공기에 대응하는 것—이 있어야 했다.

과연 만유인력의 법칙은 물체나 행성의 운동을 정량적으로 기술한다. 하지만 데카르트에게 더 중요한 것은 중력의 발생과 전파의 메커니즘을 탐구하는 일이었다. 중간에 개재물(介在物) 없이 순식간에 전달되는 '원격작용'으로서의 만유인력은 너무나도 신비적인 것처럼 생각되었다. 데카르트의 비판에도 일리는 있다. 그러나 뉴턴은 그 원인을 여러 가지로 파헤쳐 조사하는 것보다도 여러 가지 운동현상을 정량적으로, 동시에 구체적으로 보여 주는 것이야말로 과학자에게 주어진 가장 중요한 사명이라고 생각한 것 같다.

소재와 힘

지구는 태양과의 중력에 의해서 서로 인력을 미치고 있다. 한편 지구처럼 회전하는 천체에는 외향적 원심력이 생긴다.

거리의 세제곱은 행성의 공전주기의 제곱에 비례한다.

내향적 중력과 외향적 원심력―이것이 균형이 잡혀서 지구는 일정 궤도상을 회전 운동하는 것이다. 아무래도 천체의 질서를 이해하는 열쇠는 중력이라는 '힘'에 있을 것 같다.

그래서 천체의 예에 따라서 쿼크, 소립자, 원자-분자 등 마이크로 세계에서 볼 수 있는 규칙성(계층성)도 힘이 작용한 결과 생긴 것이라고 생각해 보면 어떠할까.

〈그림 5-3〉 M. 패러데이
(1791~1867)

결국 물질의 소재인 쿼크, 렙톤과 그것에 작용하는 힘이라는 메커니즘에 의해서 물질의 계층구조를 이해하는 것이다.

이야기는 빗나가지만 자세하게 주의해서 보면 〈소재와 힘〉이라는 관계가 마이크로 세계의 전매특허는 아니라는 것을 알게 된다. 비근한(흔히 주위에서 보고 들을 수 있을 만큼 알기 쉽고 실생활에 가까운) 예로서 집을 지을 때에도 그러한 관계를 볼 수 있다. 먼저 처음에 집의 소재인 목재가 있다. 그것을 조립할 때 기둥의 끝을 볼트로 고정시키는데 이것은 바로 기둥에 힘을 부여하여 바람직한 형태를 만들어 가는 것에 상당한다. 이때 힘이 바르게 가해져 있지 않으면 집의 강도는 저하하고 경우에 따라서는 붕괴돼 버리는 일도 있을 것이다. 결국 소재에 잘 맞는 힘을 가했을 때에 한해서 집이라는 새로운 질서가 탄생하는 것이다.

이야기를 원래로 되돌리자. 예부터 알려져 있는 힘에는 중력과 함께 전자기력이 있다. 이들 힘의 효과는―중력은 천체의 운동, 전자기력은 자석의 흡인(吸引: 빨아들이거나 끌어당김)―매크로 세계에 나타나므로 그 존재를 직접 눈으로 확인할 수 있다. 자연계에는 이 밖에 '강한 힘'과 '약한 힘'이라 부르는 2개의 힘이 존재하지만 이들은 마이크로 세계의 고유 힘이고 20세기에 들어와서 비로소 그 존재가 실험적으로 확인됐다.

 전기-자기의 현상은 이미 지금부터 2500년이나 옛날의 그리스 시대에 알려져 있었다. 호박(지질 시대 나무의 진 따위가 땅속에 묻혀서 탄소, 수소, 산소 따위와 화합하여 굳어진 누런색 광물)을 비비면 다른 물체를 끌어당긴다. 또 어떤 종류의 철광석은 철편을 흡인한다. 이러한 현상으로부터 사람들은 거기에 무언가 정체를 알 수 없는 힘이 존재함을 감지하고 있었다.

 근대과학으로서의 전자기학은 18세기 마지막에 발견된 쿨롱의 법칙으로 시작된다. 그것은 전하가 서로 끌어당기거나 반발하거나 하는 힘을 정량적으로 기술하고 있다. 전자기학의 연구가 뉴턴의 만유인력 발견(1665)으로부터 100년 이상이나 늦어진 것은 전기-자기의 현상에 대한 정밀한 관측이 어렵다는 것을 의미하고 있다. 전자기학의 역사상 특히 주목해야 할 연구는 패러데이에 의해서 행해진 전기의 힘-자기의 힘에 대한 연구이다.

 패러데이는 먼저 전기분해에 대한 계통적인 연구를 진행시켰다. 플러스와 마이너스 전극을 전해질 속에 넣어 전류를 통하면 화학 변화가 일어나 전극 위에 물질이 생성된다. 적당한 전해질을 사용하면 양극(陽極)의 물질이 전해질에 녹아서 음극에 석출한다(析出: 화합물을 분석하여 어떤 물질을 분리해 내다). 전기분해가 일어나는 메커니즘에 대해서 패러데이는 이렇게 생각했다. 전극 사이에 있는 전해질이 플러스와 마이너스로 분극하여

5장 질량과 힘 121

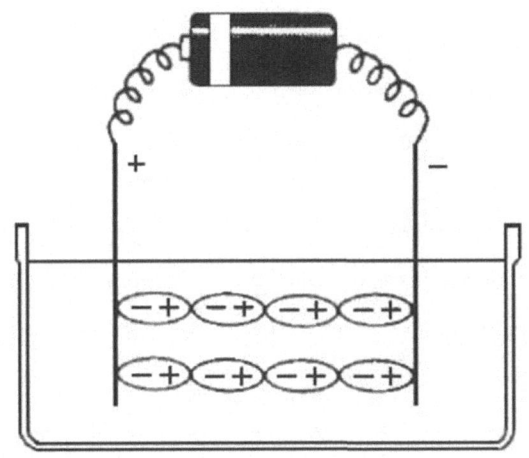

〈그림 5-4〉 전기분해. 전극 사이에 있는 전해질이 양-음으로 분극되어 음의 전극에 양의 전하가, 양의 전극에 음의 전하가 끌어당겨진다

일련의 입자—이것을 연접(連接: 서로 잇닿음) 입자라 불렀다—가 돼서 전기적 작용이 전달된다고 생각한 것이다. 예컨대 음극 부근에 있는 전해질의 미립자(분자)를 생각하면 음극 쪽에 플러스의 전하가, 양극 쪽에 마이너스의 전하가 끌어당겨져 미립자가 분극을 일으킨다. 이것이 거듭 그 이웃의 미립자의 분극을 야기하는 것처럼 차례로 분극이 전달된다는 것이다.

그는 또한 도중에 끼어드는 물질이 있으면 전기력은 굽은 경로를 따라 전달됨을 보였다. 만일 힘이 원격작용에 의해서 이해될 수 있다면 힘은 물질의 존재에는 관계가 없고 게다가 순식간에 전달될 것이다. 전기분해를 비롯한 여러 가지 실험은 원격작용의 주장을 배척하고 근접작용의 사고 방법을 강하게 지지하는 것이었다.

원자의 규칙성

가장 간단한 원자인 수소 원자에 대해서 그 규칙적인 구조가 나타나는 원인을 생각해 보자. 수소 원자의 중심에는 플러스 전하를 갖는 원자핵(양성자)이 있고 그 둘레를 마이너스 전하인 전자가 돌고 있다. 보통의 원자에서는 원자핵에 포함되는 양성자의 수와 전자의 수는 같고 따라서 원자는 밖에서 보면 전기적으로 중성이다.

플러스와 마이너스 전하 사이에 작용하는 전기력은 인력이므로 양성자와 전자는 서로 끌어당긴다. 이대로는 양성자와 전자가 달라붙어 버리지만 회전하는 전자에는 척력(斥力, 원심력)이 작용하여 양성자로부터 떨어지려고 한다. 인력과 척력이 정확히 균형 잡힌 곳에서 전자는 안정된 궤도를 회전할 수 있는 것이다. 여기서 말하는 안정된 궤도란 궤도반지름이 시간과 장소에 의존하지 않고 항상 일정하게 유지되고 있는 것을 의미한다.

실제 전기력과 원심력의 균형을 구체적으로 계산해 보면 궤도반지름은 전자의 질량과 양성자-전자의 전하 크기에 의존함을 알 수 있다.* 이들 양은 항상 일정하므로 궤도반지름도 일정하게 유지되어 있음을 이해할 수 있다. 수소 원자의 크기는 우주

---

* 양성자, 전자의 전하를 e, 양성자, 전자의 거리를 r, 전자의 속도를 v, 질량을 m이라 하면 전기력은 e^2/r^2에 비례하고 원심력은 mv^2/r이 된다. 양쪽을 똑같다고 놓고 보어의 양자조건, $2\pi r = nh/mv (n=1, 2, \cdots)$에 의해서 v를 없애면 전자의 궤도반지름(보어 반지름)은 $1/me^2$에 비례하는 것이 유도된다. 여기서 h는 양자역학에 흔히 나오는 상수로 플랑크 상수라 부른다.

의 어떠한 장소에서도, 그리고
우주의 역사 150억 년의 어떠
한 시점에서도 항상 같았다.
  전기력에 의해서 〈원자라는
이름의 질서〉가 형성됨을 알
았다. 전자와 원자핵은 무질서

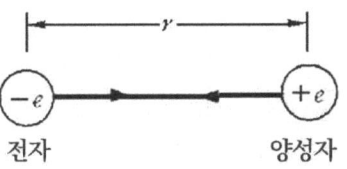

〈그림 5-5〉 전하에 작용하는 전기력

하게 존재하는 것이 아니고 전기력에 의해서 속박되어 있는 것
이다. 이 속박 상태가 안정하기 위해서는 전기력의 강도가 언
제나 일정해야 한다.
  그런데 거리 T에 있는 양성자와 전자에 작용하는 전기력은
'쿨롱의 법칙'에 의해서

e^2/r^2

과 같이 나타내어진다(〈그림 5-5〉 참조). 여기서 e는 양성자-전
자의 전하 e를 나타낸다. 결국 전기력의 강도는 문제로 하고
있는 2개의 전하에 의해서 결정되는 것이다. 그리고 전기력이
일정한 강도를 갖는 것은 전자-양성자의 전하 e가 일정한 값을
취함으로써 보증되는 것이다.
  쿨롱의 법칙을 잘 보면 전기력의 기원이 전하에 있는 것이
예상된다. 전하와 전기력—이 2개의 양의 관계는 어떻게 되어
있는 것인가. 근접작용의 사고 방법에 따라서 전기력의 발생과
전파의 메커니즘을 상세히 조사해 보자.
  2개의 전하에 작용하는 힘은 데카르트가 말하는 것처럼 한쪽
에서 다른 한쪽으로 시간을 들여서 전파한다. 바다의 파도나
음파가 전달될 때에는 매질로서 물이나 공기가 필요하였다. 그

렇다면 전기력의 경우 매질이란?

전기의 힘—자기의 힘

여기서 또 패러데이에게 등장을 부탁하자. 간단하게 하기 위해 양성자의 전하를 〈전하 1〉, 전자의 전하를 〈전하 2〉라 한다. 먼저 전하 1에 의해서 그 주위에 전기력이 작용하는 공간, 즉 '전기장'이 만들어진다고 생각한다. 다음으로 그 전기장 속에 전하 2를 두면 그 전하는 전기장으로부터 힘을 받는다. 이리하여 패러데이는 전기장의 작용을 구체적으로 보이기 위해 전기력이 작용하는 방향을 나타내는 곡선으로서 '전기력선(電氣力線)'을 도입했다. 전기장 중에 플러스 전하를 두면, 그것은 전기장으로부터 힘을 받아 전기력선을 따라 운동한다.

이와 같은 입장에 서면 위에 보인 쿨롱의 법칙은 다음과 같이 해석된다. 먼저 전하 $1(e_1)$에 의해서 전기장

$$E = e_1/r^2$$

이 만들어진다. 그래서 이 전기장 중에서 전하 $2(e_2)$는 힘

$$F = e_2 \times E$$

를 받는다는 것처럼 힘의 작용을 2개의 단계로 나눠서 생각하는 것이다. 당연한 것이지만, 이 식에 E를 대입해 보면

$$F = e_2 \times e_1/r^2$$

이 돼서 확실히 쿨롱의 법칙이 성립함을 알 수 있다.

전기력선은 〈그림 5-6〉에 보여주는 것처럼 플러스 전하로부터 나와 마이너스 전하로 들어간다. 만일 플러스 전하밖에 존

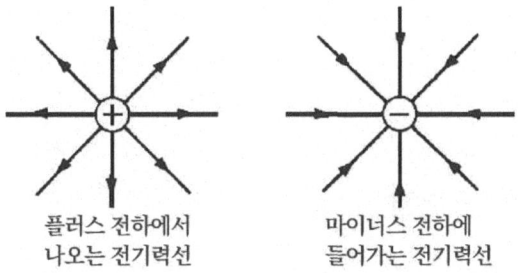

플러스 전하에서　　　　마이너스 전하에
나오는 전기력선　　　　들어가는 전기력선

〈그림 5-6〉 전기력선

재하지 않으면 전기력선은 직선으로 어디까지라도, 우주의 끝까지도 뻗어간다. 반대로 마이너스 전하만 존재할 때에는 우주의 끝으로부터 다가온 전기력선은 모두 마이너스 전하로 흡입될 것이다.

　이제까지 논의해 온 전기력의 이야기는 '전하'를 '자하(자기량)'로 바꾸는 것만으로 자기력에도 적용할 수 있다. 자하란 자석의 N극, S극의 세기를 나타내는 양이고 N극, S극에는 각각 플러스 자하, 마이너스 자하가 있다고 생각한다. 그 자하의 세기를 q, 2개의 자하의 거리를 r이라 하면 그것이 서로 끌어당기는 힘은 전하의 경우와 같은 '쿨롱의 법칙'으로 나타낼 수 있다. 즉

$$F = q^2/r^2$$

전기장에 대응해서 자기장이 있고 전기력선에 대응해서 자기력선이 있다. 자기력의 작용을 나타내는 자기력선은 N극으로부터 나와 S극으로 들어간다. 공간에 자기력선이 어떻게 분포하고 있는가는 자극(자기극) 사이에 분포하는 쇳가루의 모양을 보면

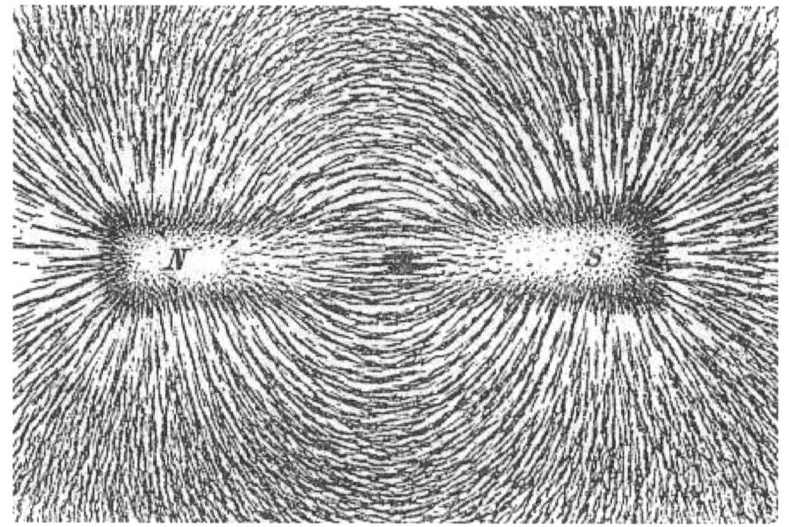

〈그림 5-7〉 자석 주위의 공간에 자기력선이 어떻게 분포하고 있는지를 보여주는 쇳가루 배열

일목요연하다(〈그림 5-7〉 참조). 원래 무질서하게 분포하고 있던 쇳가루가 방향을 바꿔 자기력선을 따라 배열된 것이므로 확실히 거기에는 힘의 장(고립된 물질이 공간에서 어떤 힘을 받았을 때에, 공간 자신이 그와 같은 힘을 작용시키는 원인으로 가지고 있는 것으로, 힘의 성질에 따라 중력장, 자기장, 전기장 따위가 있다)이 발생하고 있었음을 알 수 있을 것이다.

광자의 캐치볼

그러면 힘의 발생과 전파를 생각하기 위해 이야기를 다시 한 번 수소 원자로 되돌리자. 전기력선은 양성자에서 나와 전자로 들어가는데 이러한 것은 전기력이 일방통행으로 전달된다는 것을 의미하는 것은 아니다. 양성자와 전자는 서로 인력을 미치고 있는 것이다. 전기력선이라는 개념은 어디까지나 힘의 전파를 생각하는 데에 편의적인 것이었다. 공간에 그러한 선이 채워져 있는 것은 아니다. 그래서 한 걸음 더 파고들어 "전기력선의 실체는 무엇인가?"라고 질문을 해 보자.

잘 알려져 있는 것처럼 전하가 움직이면 전류가 발생하여 그 주위에는 자기장이 생긴다. 이것을 '전류의 자기작용'이라 부른다. 맥스웰이 완성한 고전전자기학에 따르면 변동하는 자기장은 전기장을 만들고 역으로 변동하는 전기장은 자기장을 만들어 낸다. 만일 전류가 시간적으로 변화하면 그 주위의 자기장도 변동하고, 그것이 또 전기장의 변동을 일으킨다. 이리하여 전기장과 자기장이 차례차례로 발생하면서 공간으로 전달되어 가는 것이 전자기파이다. 라디오나 텔레비전의 안테나는 이러한 메커니즘으로 전자기파를 발생하여 흡수하고 있다.

전자기파는 전기장과 자기장이 이어져 있는 것이고 그 힘의 작용은 전기력선-자기력선에 의해서 표현된다. 결국 전자기파는 전기의 힘-자기의 힘(전자기력)을 전달하는 실체라 생각할 수 있다.

수소 원자에서는 전자와 양성자 사이에서 전자기파가 교환되어 전자기력(인력)이 발생하고 있다. 전자기파는 시속 30만 킬로미터라는 유한의 속도를 가지므로 전자기력 또한 시간을 들여서 전달된다는 것이다. 이것은 바로 힘을 근접작용으로 이해할 수 있음을 이야기하고 있다.

전자나 양성자 등 마이크로 세계의 대상은 모두 입자성과 파동성*이라는 2중의 성질을 함께 갖는다. 전자기파도 입자로서

---

* 전자, 양성자, 중성자 등 보통 입자라 생각되고 있는 소립자가 파동으로

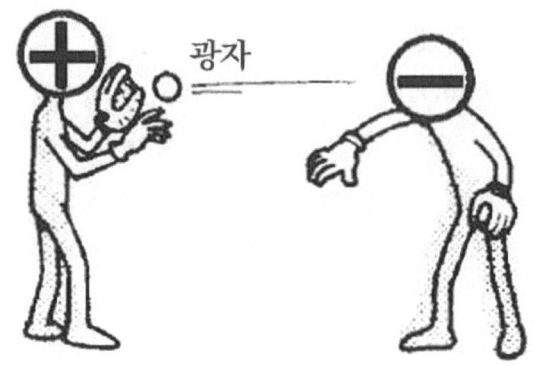

〈그림 5-8〉 광자의 캐치볼에 의해서 전자기력이 발생한다

의 성질을 보이는 일이 있다. 입자적 묘상에 섰을 때 전자기파를 '광자(빛의 입자)'라 부른다.

마이크로 세계를 기술하는 '양자역학'에 따르면 전하는 광자를 발생하고 흡수하는 성질을 보여준다. '4-8. 더 에너지를'에서도 언급한 것처럼 하전 입자는 빛의 옷을 입고 있다! 전자기력은 2개의 전하 사이에서 광자의 (옷의) 캐치볼에 의해서 발생하고 시간을 들여서 전파된다고 생각할 수 있다.

여기서 한 가지 주의할 것이 있다. 전자기력의 세기는 본질적으로 전하만으로 결정되는 것이고 전하를 짊어지고 있는 입자의 종류는 따르지 않는다는 것이다. 예컨대 기본 전하 e를 가지는 입자라면 그것이 양성자이건 전자이건 또는 파이메손이

서의 성질을 보이는 일이 있다. 이들 물질을 구성하는 입자가 보여주는 파동성을 '물질파'라 부른다. 마찬가지로 전자기파도 입자적인 성질을 갖는다. 전자기파가 원자와 충돌해서 전자를 떨쳐 버리는 현상은 '콤프턴 산란' 등의 실험으로 확인되고 있다.

건 힘의 세기는 같다. 광자 옷의 분량, 즉 교환되는 광자의 양은 전하만으로 결정되기 때문에 전자기력의 세기는 전하의 크기―그것은 기본 전하 e의 값에 상당한다―에 따라서 결정되는 것이다. 이와 같이 교환되는 입자―여기서는 광자―와 결합해서 힘의 세기를 결정하는 물리량을 일반적으로 '하량(荷量)'이라 부른다. 전하는 〈전자기력과 관계되는 하량〉이라는 의미다.

강한 힘도 있다

전자기력을 상세히 조사함으로써 힘의 발생과 전파의 메커니즘을 밝힐 수 있었다. 주목해야 할 점은 소립자(전자와 양성자)가 소립자(광자)를 교환함으로써 서로 힘을 미치고 있다는 것이다. 이것을 소립자의 상호작용이라 부른다.

같은 소립자라도 물질을 구성하는 소립자 '전자, 양성자'와 힘을 매개하는 소립자 '광자'에는 그 성질에 큰 차이가 있다. 예컨대 전자, 양성자는 질량을 갖지만 광자는 질량 제로이다. "질량이 제로인지 그렇지 않은지는 대단한 일이 아니지 않은가……"라고 가볍게 생각해서는 안 된다. 사실은 광자가 질량을 갖지 않는다는 성질은 이 책의 주제인 〈질량의 기원〉을 생각하는 데에 중요한 열쇠가 된다는 것을 예고해 둔다. 이 점에 대해서는 다음 장에서 상세히 설명한다.

자연계에는 전자기력 이외에 중력, 강한 힘, 약한 힘의 4종류의 기본적인 힘이 존재한다. 그래서 그 밖의 3개의 힘에 대해서도 이러한 입자 교환의 사고 방법에 의해서 고찰을 진행시키기로 하자.

먼저 강한 힘에 대한 것이다. 이것은 양성자와 중성자를 단

〈그림 5-9〉 강한 힘의 전파는 글루온 교환에 의한다

단하게 결합시키고 있는 힘으로 전자기력에 비하면 100배나 강한 힘이다. 이 강한 힘은 원자핵의 안전성—그것은 물질의 안전성이기도 하다—을 보증하고 있다. 양성자, 중성자는 쿼크로 구성되어 있으므로 강한 힘은 쿼크 사이에 작용하는 힘이라 할 수 있다. 그래서 다음에 문제가 되는 것은 강한 힘이 어떠한 소립자에 의해서 전파되는가라는 것이다.

쿼크 사이에 인력을 미치고 쿼크를 속박해서 하드론을 만드는 소립자—그것이 '글루온'이다. 글루(Glue)라 하면 〈아교〉라든가 〈풀〉과 같은 접착제를 의미한다. 확실히 글루온은 쿼크를 붙이는 〈풀〉인 것이다. 글루온은 쿼크에 작용해서 하드론이나 원자핵이라는 질서를 만들어내고 있다.

그런데 바리온은 항상 3개의 쿼크로 구성되고, 메손은 항상 쿼크와 반쿼크 1개씩으로 구성되어 있다. 우리들이 사용하는 풀은 얼마든지 물체를 붙일 수 있는데 글루온은 3개의 쿼크 및 쿼크-반쿼크밖에 접착시킬 수 없다. 이것은 이상한 일이다. 어째서 2개, 4개, 5개…의 쿼크로 구성되는 하드론은 존재하지 않는 것일까. 이 원인을 탐색하기 위해 강한 힘에 대해서도 "강한 힘의 담당자로서 글루온이 결합할 수 있는 하량은 무엇인가?"라 질문해 보자.

양성자나 전자 등의 하전 입자가 전하라는 하량을 갖는 것에 반해서 쿼크는 '컬러(색깔)하(荷)'라 부르는 하량을 가짐을 알고 있다. 쿼크에는 색깔이 있다. 컬러하는 빛의 3원색에 대응해서

적, 청, 녹이 있다. 그렇지만 그것은 쿼크에 색깔이 붙어 있다는 것을 의미하는 건 아니다. 컬러하는 가시광선과 마찬가지 성질을 보인다는 것을 비유적으로 표현한 것이다.

글루온은 컬러하에 결합하여 강한 힘을 전달한다. 컬러하는 쿼크만이 갖고 렙톤에는 없는 하량이므로 렙톤은 글루온 교환에 의해서 강한 상호작용을 할 수 없다. 이리하여 컬러하를 도입함으로써 실험으로 밝혀져 있는 쿼크와 렙톤의 성질 차이를 멋지게 설명할 수 있다.

그것뿐만이 아니다. 지금 우리들이 문제로 하고 있는 쿼크의 질서―쿼크가 3개씩 결합해서 하드론을 만드는 일―나 쿼크가 단독으로 튀어 나가지 않는다는 성질이 한꺼번에 해결되어 버리는 것이다. 다음으로 그 달콤한 이야기의 원인을 탐색해 보자.

색깔이 붙은 쿼크

양성자, 중성자 등의 하드론, 그리고 하드론의 집합체인 원자핵에 색깔이 붙어 있는 것은 아니다. 덧붙여 말하면 우리가 보는 자연계의 색은 '원자'로부터 나오는 빛(전자기파)의 색깔이다. 하드론 등의 소립자는 무색―이것을 컬러 화이트(Color White)라 한다―이므로 쿼크가 갖는 컬러하가 직접 나타나서는 불편하다. 만일 하드론이 쿼크 1개로 만들어져 있다고 하면 쿼크가 갖는 컬러하―적, 청, 녹의 어느 것이든―는 그대로 하드론의 컬러하가 될 것이다. 또 만일 적과 청의 컬러하를 갖는 쿼크 2개로 만들진 하드론이 있다고 하면 그 하드론은 적과 청이 합성된 색깔을 갖게 되어 〈소립자는 색깔을 갖지 않는다〉라는 사실에 반하게 된다. 그러면 쿼크 3개로 구성되는 바리온, 쿼크-반쿼크로 구성되는 메손의 경우는 어떠할까…….

빛의 3원색에는 그것들이 혼합되면 무색이 된다는 성질이 있다. 그래서 바리온을 구성하는 쿼크가 적, 청, 녹이라는 컬러하를 갖는다면 바리온은 항상 컬러 화이트(무색)가 된다. 그렇다면 메손의 경우는?

반쿼크는 쿼크의 반입자이므로 그 컬러하는 적, 청, 녹의 보색(다른 색상의 두 빛깔이 섞여 하양이나 검정이 될 때, 이 두 빛깔을 서로 이르는 말), 즉 반적, 반청, 반녹을 취한다는 것은 자연스러운 발상이라 할 수 있을 것이다. 그래서 메손을 만들고 있는 쿼크-반쿼크의 컬러하는 적-반적, 청-반청, 녹-반녹의 어느 것인가의 조합을 취하는 것이라 하면 메손에 대해서도 컬러 화이트(무색)가 실현된다. 이리하여 결국 모든 하드론을 무색으로 하기 위해서는 쿼크 3개, 또는 쿼크-반쿼크의 조합밖에 없다는 것을 알 수 있다. 다만 이것은 어디까지나 쿼크 최소의 조합이라는 조건하에서의 논의이다. 쿼크를 얼마든지 사용해도 좋다면 컬러 화이트를 실현하는 방법은 무한히 있다. 쿼크 6개, 9개, 12개……라는 것처럼.

컬러하의 존재가 단순히 쿼크의 질서를 설명하는 것만은 아니다. 이제까지 이해할 수 없다고 생각되었던 많은 현상이 보기 좋게 설명돼 버리는데 그러한 예의 하나로 오랫동안 수수께끼였던 〈통계성의 곤란〉이 어떻게 해서 구조되었는가를 소개해 두자.

양자의 세계에서 모든 입자는 '양자수'라 부르는 라벨에 의해서 구별된다. 양자수에는 전하, 컬러하, 또는 쿼크, 렙톤의 종류를 나타내는 플레이버(향기) 등이 있다. 마치 인간이 나라,

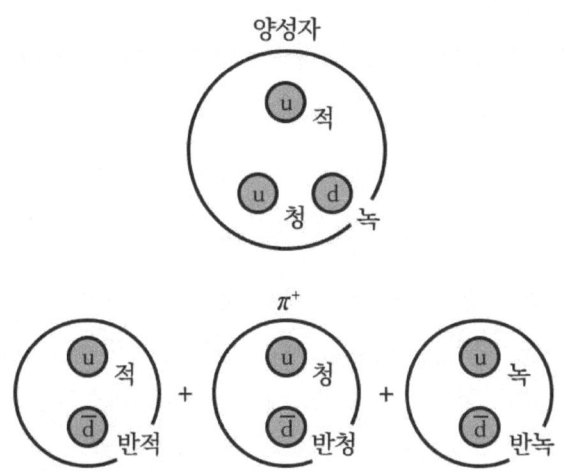

〈그림 5-10〉 양성자와 π^+에 대한 컬러하. 양성자는 여섯 가지 조합이 있지만 그중 1가지 예만 보였다

시, 구, 동, 번지, 이름 등에 의해서 한 사람씩 구별되는 것과 비슷하다. 그래서 이러한 양자수 하나의 '스핀(Spin)'을 생각해 보자. 소립자에는 0, 1, 2, 3……과 같이 정수 스핀을 갖는 것과 1/2, 3/2, 5/2……처럼 반정수 스핀을 갖는 것이 있다. 이들 2종류의 소립자는 각각 '보스 입자', '페르미 입자'라 불리고 통계적으로 상이한 성질을 보인다.

스핀은 마이크로 세계를 기술하는 기초 이론인 '양자역학'에서 유도되는 물리량이지만 여기서는 고전적인 묘상(描像)에 따라서 〈소립자의 자전 운동 크기를 나타내는 양〉이라 생각해 두자. 스핀이란 회전이라는 의미를 갖는다. F1 레이스에서 '타이어가 스핀했다'라든가 피겨스케이트에서 '스핀이 훌륭하다' 등처럼.

구세주 나타나다

쿼크, 렙톤은 스핀 1/2을 갖는 페르미 입자이다. 따라서 쿼크 3개로 구성되는 바리온은 스핀 1/2을 3개 합성해서

$$1/2 + 1/2 - 1/2 = 1/2$$
$$1/2 + 1/2 + 1/2 = 3/2$$

과 같이 반정수 스핀 1/2 또는 3/2을 갖게 된다. 이 식에서 스핀은 상향(+1/2)과 하향(-1/2)이 있으므로 그것을 고려해서 계산되었다. 이리하여 바리온도 페르미 입자라는 것을 알았다. 한편 메손은 쿼크 2개(쿼크-반쿼크)로 구성되어 있으므로, 그 스핀은 0 또는 1이라 할 수 있다. 즉 메손은 보스 입자이다.

이 밖에 보스 입자에는 스핀 1 또는 2의 게이지 입자가 있다. 게이지 입자란 힘을 전파하는 입자를 말하는 것으로 게이지 이론에 의해서 기술됐기 때문에 이렇게 불린다. 게이지 이론은 6장에서 상세하게 설명한다. 광자(전자기력), 글루온(강한 힘), 위크 보손(약한 힘)은 스핀 1을, 중력을 전달하는 입자인 중력자(重力子: 그래비톤)는 스핀 2를 갖는 게이지 입자이다.

그러면 스핀의 성질에 따라서 보스 입자와 페르미 입자라는 2개의 입자군이 있음을 알았다. 그런데 이러한 분류에는 통계 법칙에 관련된 가장 깊은 물리적인 의미가 있다. 소립자의 상태─이것을 양자 상태라 부른다─는 그 양자수를 지정함으로써 결정된다. 예컨대 u쿼크의 양자수는 전하=2/3, 스핀=1/2, 바리온수=1/3이라는 것처럼.

통계 법칙에 따르면 하나의 양자 상태에 대해서 페르미 입자는 1개밖에 들어갈 수 없으나 보스 입자는 몇 개라도 들어갈

수 있다. 쿼크는 페르미 입자이므로 특정의 양자 상태를 차지할 수 있는 쿼크 수는 1개로 한정된다.

그래서 양성자의 1.3배의 질량을 갖는 전하 2의 델타(Δ^{++})라 부르는 바리온*을 생각해 본다. 델타는 u쿼크 3개로 구성된다. 이러한 것은 전하 2/3의 쿼크 3개로부터 전하 +2의 입자가 만들어지는 것에서도 확인할 수 있다. 즉

Δ^{++} = (uuu)

그런데 Δ^{++}에 포함되어 있는 u쿼크를 보면 전하, 스핀, 바리온 수 등 온갖 양자수가 같다. 즉 1개의 양자 상태를 3개의 페르미 입자가 차지하고 있다는 것이 된다. 이것은 페르미 통계에 반하고 있다!

또 하나 예를 들자. 양성자의 1.8배의 질량을 갖는 오메가(Ω)는

Ω = (sss)

처럼 s쿼크 3개를 포함하므로 Δ^{++}와 전적으로 같은 곤란에 마주친다. 이것은 곤란한데!! Δ^{++}나 Ω의 곤란은 3개의 쿼크가 같은 양자 상태에 있는 것에 원인이 있었다. 그렇다면 3개의 쿼크에 별개의 양자수를 주어 그들을 구별해 주면 되는 것이 아닌가—라고 시원스럽게 말해 버렸는데 그것은 지금이니까 말할 수 있는 것이다('콜럼버스의 달걀'이 여기에도 있었다). 아무튼

---

* 델타에는 전하가 2, 1, 0, -1의 4종류가 있어 Δ^{++}, Δ^{+}, Δ^{0}, Δ^{-}처럼 표기한다. 매우 수명이 짧기 때문에 자연계에 안정적으로 존재할 수는 없고 가속기에서 만들어지면 순식간에 붕괴한다. 예컨대 Δ^{++}는 Δ^{++} → p+ π^{+}와 같이 붕괴하여 양성자와 파이메손이 된다.

물리학자들은 쿼크 모델에 내재하는 이 심각한 곤란에 오랫동안 골치를 썩였다. 그러한 때 〈컬러하〉라는 이름의 구세주가 등장하였다.

쿼크가 컬러하를 갖는다면 3개의 쿼크에 따로따로 색깔을 주어 쿼크를 구별할 수 있을 것이다. 결국 u(적), u(청), u(황)처럼 하면 3개의 u쿼크는 상이한 양자 상태를 취하게 되고 페르미 통계의 조건을 충족할 수 있는 것이다. 마찬가지의 것은 Ω에도 적용된다.

약한 힘과 베타 붕괴

전자기력, 강한 힘을 입자 교환의 입장에서 생각해 왔다. 이러한 사고 방법에 따라서 또 하나의 힘인 '약한 힘'에 대해서 조사하기로 하자.

약한 힘이 나타나는 현상으로 소립자의 방사선 붕괴를 들 수 있다. 예컨대 중성자(n)는 평균수명 15분으로

$$n \to p + e^- + \bar{\nu}_e$$

처럼 양성자(p), 전자(e⁻), 반전자 뉴트리노($\bar{\nu}_e$)로 붕괴한다. 여기서 방출되는 전자는 베타선에 상당하므로, 이 붕괴 과정을 중성자(n)의 베타 붕괴라 부른다*.

처음에 있었던 중성자가 그 상태를 바꿔서 양성자, 전자, 반

---

* 방사선이란 자연방사성원소로부터 방출되는 알파선(헬륨원자핵), 베타선(전자), 감마선(고에너지의 전자기파)을 말하는 것이었는데 현재는 가속기에 의해서 생성되는 소립자, 원자핵, 광자 등을 총칭하여 방사선이라 한다. 또한 너른 하늘에서 내리쬐고 있는 우주선 속에도 양성자, 전자, 뮤(μ) 입자, X선 등 가지가지의 방사선이 포함되어 있다.

전자 뉴트리노가 된 것이므로 거기에는 무언가의 상호작용이 있어야 한다. 그것이 약한 상호작용이고, 그 상호작용을 일으키는 힘이 약한 힘이다. 그래서 이 베타 붕괴를 입자 교환에 의해서 어떻게 이해할 수 있는가를 생각하기로 하자.

소립자 반응이 일어나는 전후의 상태를 시작 상태, 종료 상태라 부른다. 일반적으로 어떤 반응의 시작 상태와 종료 상태에서는 양자수의 보존이 성립하고 있다. 바꿔 말하면 양자수의 보존을 깨는 것 같은 반응은 금지된다. 위의 반응을 예로 들어 이러한 것을 확인해 보자. 우선 처음에 전하의 보존에 대한 것이다.

$$n \rightarrow p + e^- + \bar{\nu}_e$$

전하: $0 = 1 + (-1) + 0$

시작 상태의 전하는 0, 종료 상태의 전하의 합도 0이 돼서 확실히 전하는 보존되어 있다. 마찬가지로 바리온 수, 렙톤수에 대해서도 보존 법칙이 성립하고 있음을 알 수 있다.

$$n \rightarrow p + e + \bar{\nu}_e$$

바리온 수: $1 = 1 + 0 + 0$

렙톤 수: $0 = 0 + 1 + (-1)$

그런데 중성자와 양성자에 포함되는 쿼크는 각각 (udd), (uud)이지만 이 중에서 모든 쿼크가 상기의 반응 과정(베타 붕괴)에 관계하고 있는 것은 아니다. 여기서 주의할 것은 이러한 반응 과정에서 시작 상태와 종료 상태의 같은 입자를 생략해도 양자수는 보존되어 있다는 것이다. 그래서 중성자와 양성자에서 2개의 쿼크(u와 d)를 제거해 보면 베타 붕괴는 쿼크 수준에서 다음과 같이 나타낼 수 있다.

$$d \rightarrow u + e^- + \bar{\nu}_e$$

이 경우에도 가지가지의 양자수에 대해서 그 보존이 성립하고 있음을 확인하기 바란다. 이 반응에 나타나는 입자는 쿼크와 렙톤뿐이므로 이것은 약한 상호작용을 나타내는 가장 기본적인 반응 과정이 된다.

물을 탄 위스키

여기서 또 하나, 소립자의 상호작용을 나타내기 위한 '파인만 그래프'라 부르는 편리한 방법을 설명해 두자. 이것은 소립자 반응의 계산을 위해 고안된 방법이지만 여기서는 계산의 상세한 것에는 관계하지 않고 오로지 상호작용을 이해하기 위한 제반 준비로서 이용하기로 하자.

이렇게 되면 이야기는 간단하다. 먼저 소립자의 존재를 1개의 선으로 나타낸다. 그리고 그 선은 시간의 경과와 함께 왼쪽에서 오른쪽으로 진행하는 것이라 약속해 둔다. 그것은 소립자의 시시각각의 상태, 즉 소립자의 세계, 바로 그것을 나타내는 것이므로 '세계선(世界線)'이라 부를 수 있을 것이다.

파인만 그래프가 가지는 의미를 비근(흔히 주위에서 보고 들을 수 있을 만큼 알기 쉽고 실생활에 가까움)한 예로 바꿔 놓아 설명하자. 예컨대 책상 위에 위스키가 있다 하자. 누구도 그것을 마시지 않으면 위스키는 영원히 존재하기 때문에 그 세계선은 어디까지라도 1개의 긴 선이 된다. 그런데 알코올을 아주 좋아하

5장 질량과 힘   139

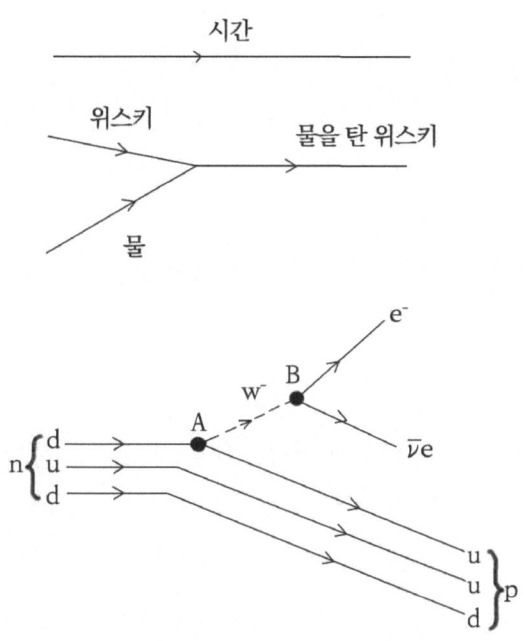

(위) 위스키와 물의 세계선이 합류해서 물을 탄
  위스키의 세계선이 만들어졌다
(아래) 베타 붕괴의 파인만 그래프
  〈그림 5-11〉 파인만 그래프

는 나는 그만 참을 수가 없어 위스키를 마셔 버렸다. 그러면 거기서 위스키의 세계선은 뚝 끊어져 버리는 것이 된다.
 "아니야, 오늘은 그냥 마시는 것이 아니고 물을 타 보자"라 하여 물을 섞는다—이때의 파인만 그래프는 〈그림 5-11〉의 위의 그림을 보기 바란다. 이것은 처음에 따로따로 있었던 위스키와 물의 세계선이 합류해서 물을 탄 위스키의 세계선이 만들어진 것을 나타내고 있다.

"뭐야, 그런 거야? 파인만 그래프란 별게 아니네……"라고 용기가 생긴 시점에서 마침내 베타 붕괴의 파인만 그림에 의해서 약한 상호작용을 조사하기로 하자. 약한 힘을 매개하는 게이지 입자인 위크 보손에는 전하가 양(W^+), 음(W^-), 제로(Z^0)의 3종류가 있다.

우선 처음에 d쿼크가 W^-를 방출해서 u쿼크가 된다. 즉 〈그림 5-11〉의 A점에서

$$d \rightarrow u + W^-$$

가 일어나고 있다. 전하는 시작 상태(d)가 $-1/3$, 종료 상태($u + W^-$)가 $2/3 - 1 = -1/3$이 되어 보존되고 있다. 다음으로 W^-가 전자(e^-)와 반전자 뉴트리노($\bar{\nu}_e$)로 붕괴한다(〈그림 5-11〉의 B점).

$$W^- \rightarrow e^- + \bar{\nu}_e$$

이리하여 W^-의 방출과 붕괴에 의해서 약한 힘이 전달된다. 이러한 것을 파인만 그래프로 정리해서 적으면 〈그림 5-11〉처럼 된다. 여기서 시작 상태, 종료 상태의 (u, d)쿼크는 반응에 관계하고 있지 않으므로 그대로 넘겨 버리고 있다.

네 개의 힘

힘의 세기를 결정하는 하량으로서, 전자기력에 대해서 '전하', 강한 힘에 대해서 '컬러하'가 있었다. 약한 힘의 하량을 '위크(Weak)하'라 부른다. 쿼크, 렙톤은 모두 위크하를 가지므로 약한 힘이 작용한다.

〈표 5-12〉 3개의 힘 쿼크, 렙톤의 작용

힘	하량	쿼크	렙톤	
			전자 뮤 타우	뉴트리노
강한 힘	컬러하	○		
전자기력	전하	○	○	
약한 힘	위크하	○	○	○

 이제까지 보아온 것처럼 3개의 힘—전자기력, 강한 힘, 약한 힘—은 모두 입자 교환이라는 통일적인 사고 방법으로 이해할 수 있음을 알았다. 마지막에 남겨진 중력의 양자역학은 이론적으로도 아직 미해결의 문제를 포함하는 가장 귀찮은 존재이다. 그러나 중력 또한 그래비톤이라 부르는 게이지 입자의 교환에 의해서 기술할 수 있는 것이라 믿고 있다. 광자, 글루온, 위크 보손이 이미 직접, 간접의 검증을 받고 있는 것에 반해서 그래비톤은 아직 관측이 시작되고 있지 않다. 중력은 그 밖의 3개의 힘에 비해서 극단적으로 약하므로 그 존재를 관측하는 것도 여느 방법으로는 되지 않기 때문이다.
 중력을 제외한 3개의 힘에 대해서 그것이 쿼크, 렙톤에 어떻게 작용하는가를 생각해 보자. 전자기력은 전하를 갖는 모든 입자에 작용한다(전자기력이 작용하지 않는 것은 전하를 갖지 않는 3개의 뉴트리노뿐이다). 강한 힘은 컬러하에 작용하고 따라서 쿼크에만 작용한다. 약한 힘은 위크하를 갖는 모든 입자, 즉 쿼크에도 렙톤에도 작용한다. 뉴트리노는 전하 제로, 컬러하 제로이고 위크하만을 가지므로 약한 힘밖에 작용하지 않는다. 결국

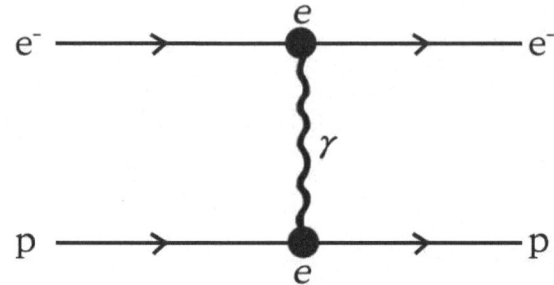

〈그림 5-13〉 전자와 양성자 사이에 광자를 교환하여 전자 기력이 발생했다. 광자와 전하의 결합 세기를 e로 나타내고 있다

베타 붕괴처럼 뉴트리노가 관계하는 반응은 모두 약한 상호작용에 의해서 일어난다. 이상의 것을 〈표 5-12〉에 정리해 둔다.

여기서 힘이 갖는 2개의 성질, 〈힘의 세기〉, 〈힘의 도달거리〉에 대해서 언급해 두자. 매크로 세계에서는 보통 힘이 강하면 그 힘의 영향이 멀리까지 미칠 것으로 생각되지만 원래 〈힘의 세기〉와 〈힘의 도달거리〉는 따로따로의 개념이다.

힘(상호작용)의 세기란 교환하는 입자―광자, 글루온, 위크 보손, 그래비톤―가 각각의 하량에 결합하는 정도라 생각할 수 있다. 예컨대 전자기력의 세기는 초미세구조상수

$$\alpha = e^2/2hc$$

에 의해서 표현된다. 여기서 e는 전하, h는 플랑크상수, c는 광속(光速)이다. 분자에 있는 전하의 제곱은 전자기 상호작용의 파인만 그래프(그림 5-13)를 보면 이해할 수 있다. 즉 교환하는 광자는 2개의 전하에 결합하고 있고, 그 각각으로부터 e가 나

〈표 5-14〉 4개의 힘 세기

	강한 힘	전자기력	약한 힘	중력
교환 입자	글루온	광자	위크 보손	그래비톤
힘의 세기	1/4	1/137	10^{-5}	6×10^{-39}
힘의 도달거리(cm)	10^{-13}	∞	10^{-16}	∞
실례	쿼크	원자	방사선 붕괴	천체

타나는 것이다. 이와 같이 하여 4개의 힘에 대해서 하량의 제곱을 비교해 보면 힘의 세기는 〈표 5-14〉와 같이 된다.

힘의 도달거리에 대해서는 어떨까. 잘 알려져 있는 것처럼 거리 r만큼 떨어진 장소에 있는 2개의 전하 q_1, q_2에 작용하는 전자기력은 쿨롱의 법칙

$$q_1 \times q_2/r^2$$

으로 표현된다(〈그림 5-15〉 참조). 이것으로부터 알 수 있는 것처럼 전자기력의 세기는 거리의 제곱에 반비례하고 있다. 결

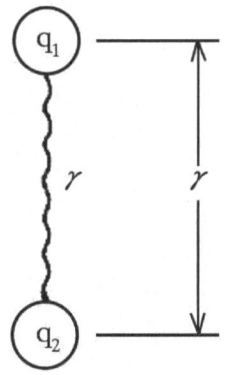

〈그림 5-15〉 거리 r만큼 떨어진 전하 q_1, q_2에 작용하는 전자기력

국 전하 간의 거리가 2배, 3배, 4배……가 되면 힘의 세기는 4분의 1, 9분의 1, 16분의 1……처럼 얼마든지 작아진다. 하지만 이러한 상태로 거리가 자꾸만 떨어진다 해도 힘의 세기는 결코 제로가 되지 않는다. 이러한 것은 전자기력의 도달거리가 무한대라는 것을 의미하고 있다. 중력 또한 물체 간 거리의 제곱에 반비례하는 힘이므로 전자기력과 마찬가지로 도달거리는

무한대가 된다. 태양의 중력은 60억 킬로미터 떨어진 명왕성에도 작용하고 있다!

이와 같이 전자기력과 중력은 그 작용이 멀리까지 다다르는 힘이기 때문에 그 효과는 매크로 세계에서도 관측할 수 있다. 이에 반해서 강한 힘과 약한 힘은 도달거리가 매우 짧기 때문에 마이크로 세계 밖에는 효과를 미치지 않는다. 강한 힘은 하드론 내부에 갇혀 있는 쿼크에 작용하는 힘이고 따라서 그 작용도 하드론의 크기, 즉 10조 분의 1센티미터 정도(10^{-13}cm)이다.

쿼크, 렙톤 사이에서 게이지 입자의 캐치볼을 하였다 하자. 이미 언급한 것처럼 약한 힘은 위크 보손이라는 무거운 게이지 입자를 교환함으로써 전파된다. 그런데 질량 제로의 광자나 글루온은 멀리까지 던질 수 있지만 양성자 질량의 100배나 되는 위크 보손은 무거워서 도저히 멀리까지는 던질 수 없다. 이러한 까닭으로 약한 힘의 도달거리는 강한 힘의 1,000분의 1밖에 되지 않는다.

6장
질량의 탄생

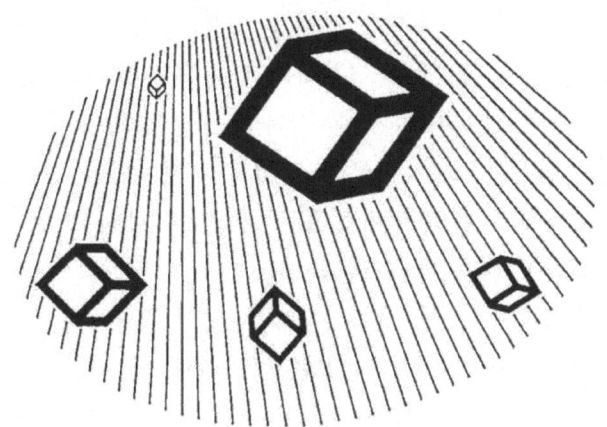

진리는 단순하다

5장에서 본 것처럼 현대의 물리학은 마이크로-매크로 세계에 나타나는 4개의 기본적인 힘에 대해서 그 발생과 전파의 상세를 밝혀왔다. 그리고 이들 힘이 세기와 도달거리에 관해서 매우 특징적인 성질을 갖는 것을 알았다. 그런데 우리는 힘의 상세를 여기까지 해명할 수 있었던 것에 만족해도 되는 것일까? "자연은 그렇게 되어 있기 때문에 할 수 없다"라 하여 나머지는 모르는 체하는 것이 마음 편할지 모르지만 그것으로는 이 이상의 발전을 기대할 수 없다.

물론 물리학자들은 그런 안이한 길을 선택하려고는 하지 않는다. 4개의 힘이 보여주는 특이한 성질에 "왜?"라는 의문을 던진 것이다. 그 의문의 밑바탕에는 〈자연의 기본은 단순하고, 그 단순한 것 속에 진리가 잠재해 있을 것이다〉라는 물리학자의 신념이 있는 것 같다. 〈진리는 단순해야 한다〉라는 물리학자의 심미안(審美眼: 아름다움을 살펴 찾는 안목)을 통해서 보았을 때 4개의 힘 사이에는 너무나도 질서가 결여되어 있는 것처럼 생각된다. 4개의 힘의 밑바탕에는 그것을 지배하고 있는 더 기본적인 법칙이 있는 게 아닐까…….

오랜 옛날부터 인류는 자연현상을 지배하는 보다 기본적인 규칙을 알고 싶다는 바람을 계속 가져왔다. 자연의 있는 그대로의 모습은 다종다양하다. 주위에 눈을 돌리면 거기에는 종이, 금속, 식물, 유리, 플라스틱 등 고유의 색깔과 형태를 가진 각양각색의 물질이 존재한다. 물질은 인공의 것까지 포함하면 족히 10만 종류는 넘을 것이다.

하지만 이와 같이 복잡하기 짝이 없는 물질의 세계도 그것을 분해하여 마이크로 세계로 추궁해 보면 거기에는 단순하고 정연한 물질의 있는 그대로의 모습이 나타난다. 이미 언급한 것처럼 분자→원자→소립자와 같이 물질을 작은 계층으로 더듬어 가면 물질의 보다 기본적인 모습―그것은 또한 보다 단순한 모습이기도 하다―이 나타난다. 분자의 종류는 10만 종 이상 있어도 원자는 약 100종밖에 없다. 그리고 물질의 가장 기본적인 요소라 생각되고 있는 쿼크, 렙톤은 각각 6개씩뿐이다.

자연을 이해함에 있어 물질의 소재와 함께 잊어서는 안 되는 것이 힘이었다. 물질의 종류가 그러하였던 것처럼 자연현상에도 아찔할 정도의 다양성이 있다. 예컨대 인간이 던져 올린 돌의 궤도 또는 그 옛날 갈릴레오가 피사의 사탑에서 떨어뜨린 물체의 낙하, 행성이나 달 등의 둘레를 도는 운동은 언뜻 보기에는 전혀 다른 현상처럼 보인다. 그러나 18세기 초 뉴턴은 이들 현상을 '만유인력'이라는 하나의 힘으로 기술할 수 있음을 발견하였다.

전기의 힘과 자기의 힘에 대해서도 마찬가지 사정이 있다. 전기의 힘과 자기의 힘은 상이한 것으로 생각되고 있었다. 확실히 금속을 끌어당기는 자석의 힘과 마찰전기의 힘은 그 사이에 관계가 없는 것처럼 생각된다. 그러나 19세기의 마지막이 돼서 맥스웰은 전기-자기의 현상을 통일적으로 기술하는 것에 성공하여 고전전자기학을 완성시켰다. 전류는 그 주위에 자기장을 발생시킨다(〈그림 6-1〉 참조). 전류는 전하의 흐름이므로 자기장의 원인은 전기에 있다는 것이다.

그런데 뉴턴에 의한 만유인력의 발견이나 맥스웰에 의한 전

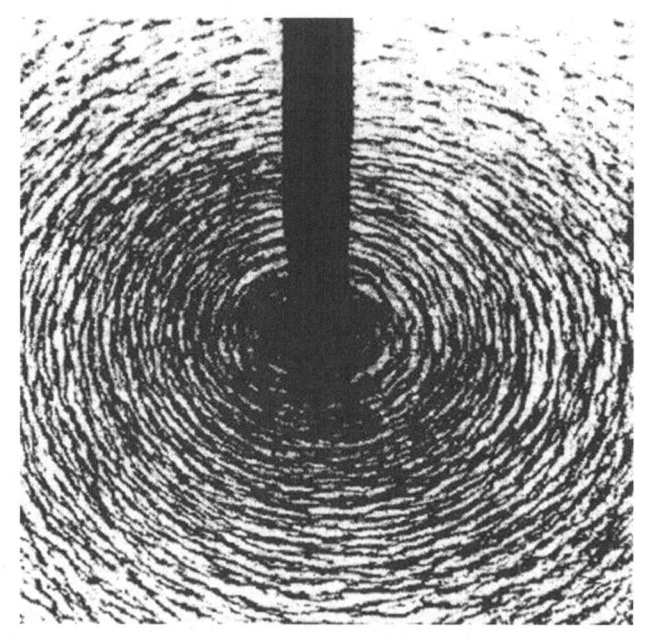

〈그림 6-1〉 전류 주위의 자기장 분포를 나타내는 쇳가루 배열

 기-자기의 통일적인 이해에 있어서 그 수법은 물질의 구조를 탐구할 때의 방법과는 다소 취지를 달리하고 있음을 알 수 있다. 물론 어느 경우도 보다 기본적인 법칙을 발견하려고 하는 것은 공통된 대원칙이다. 그러나 물질 연구의 방법은 아무튼 물질을 〈분해〉함으로써 보다 기본적인 세계에 접근해 가는 것이었다. 그에 반해서 힘의 이론은 천체의 운동, 지상에서의 물체의 운동, 그리고 전기-자기의 현상에서 볼 수 있었던 것처럼 여러 가지 현상의 밑바탕에 있는 공통의 법칙을 발견하려는 노력 속에서 태어났다. 그것은 현상의 분해라는 것보다는 오히려 〈통합〉이라는 편이 적절할 것이다.

분해와 통합

　물질이나 자연현상을 단순한 요소로 분해하여 그것을 철저하게 조사한다는 방법은 근대과학의 역사 속에서 대성공을 거두었다고 할 수 있다. 인간의 몸을 예로 들어보면 어딘가 상태가 나쁠 때는 그 증상에 따른 전문의의 진찰을 받고 치료를 받는다. 내과, 외과, 이비인후과, 정형외과……라는 것처럼. 최근에는 같은 내과라도 위장, 심장, 간장 등을 전문으로 하는 의사가 있어 그쪽의 진단을 받는 일도 흔히 있다. 환자로서는 보다 전문적인 진단을 받을 수 있어 고마운 것이지만 이러한 방법으로도 어려움을 겪는 경우가 있다.

　만일 인간이 로봇과 같다면 부품을 하나씩 조사하는 것으로 괜찮을 것이다. 하지만 인간의 신체에는 부품을 끌어모으는 것만으로는 설명할 수 없는 미묘한 기능이 있다. 마음이라든가 정신의 작용은 바로 많은 부품이 복잡하게 얽힌 결과 생긴 것이라 할 수 있을 것이다. 노이로제라는 질병은 그 복잡한 뒤얽힘의 조화가 깨진 전형적인 예일 것이다.

　자연의 탐구에서도 이 예와 마찬가지로 분해와 통합이라는 2개의 입장이 있다.

　힘의 연구를 되돌아보면 뉴턴 이래 이 통합의 단계가 몇 개인가 있었음을 알 수 있다.

　자연계의 힘에 대해서 그것을 통합하려고 생각한 최초의 사람은 그 유명한 아인슈타인이었다. 그는 1915년 힘이 작용하지 않는 경우에 성립하는 특수상대론*을 중력장으로 확장하여

---

* 1905년에 발표한 특수상대론에서 모든 등속 운동을 하는(힘이 작용하지 않는) 좌표계는 상대적으로 동등하고 그러한 좌표계에서 물리법칙은 같은

일반상대론을 완성시켰다. 이것은 뉴턴에 의해서 제안된 중력의 고전론을 발전시킨 것으로 시간과 공간에 대한 전혀 새로운 사고 방법이다.

그런데 아인슈타인은 일반상대성 이론을 완성시킨 후 중력과 또 하나의 힘인 전자기력을 통합하는 '통일장의 이론'을 구축하려고 했다. 금세기 초에는 매크로 세계에 나타나는 힘으로서 중력과 전자기력이 알려져 있었기 때문에 이 2개의 힘에 주목해서 그 근원을 탐구하려고 한 것은 당연하다. 그는 이 2개의 힘이 어떤 종류의 물리법칙이나 대상성에 의해서 통합되어야 한다는 강한 신념을 가지고 있었다.

그러나 인생의 후반을 투입해서 몰두한 이 장대한 작업은 실패로 끝났다. 상이한 힘을 통일한다는 예측은 잘못이 아니었지만 중력을 전자기력과 통일하려고 한 전략은 분명히 빗나갔다. 앞 장에서 이미 본 것처럼 중력은 다른 3개의 힘에 비해서 너무나도 약하고 판이한 성질을 갖고 있다. 그러한 힘이 전자기력과 화합할 리가 없다.

아인슈타인이 통일장 이론으로 고심하고 있던 무렵 러시아의 젊은 이론물리학자 칼루차에 의해서 중력의 5차원론이라는 참신한 이론이 제안되었다. 결국 다섯 번째 차원을 도입함으로써 전자기력을 중력에 거두어들일 여지가 생긴다는 것이다. 과연, 이것은 멋진 생각인 것 같지만…….

그러나 시간과 공간을 합쳐서 4차원이라는 현실 세계에 사는

형식으로 표현됨을 보였다. 이 이론에서 운동하는 물체 위에서는 시간이 느리게 간다는 것, 그리고 운동하는 물체의 길이가 수축한다는 것 등 상식을 깨뜨리는 예언을 끌어낼 수 있다. 이들 결론을 포함하여 이론의 올바름은 모든 실험에서 확인되고 있다.

우리들로서 이 이론은 바로 납득할 수 있는 것이 아니었다. "다섯 번째의 차원은 어디에 가버린 것일까?"라는 의문이 순간적으로 대두된다. 1926년 스웨텐의 수학자 클라인이 이 의문에 대한 해답의 실마리를 주었다. 클라인에 따르면 다섯 번째 차원은 원처럼 둥글고 게다가 그 치수는 매우 작기 때문에 관측 장치에는 잡히지 않는다는 것이다.

칼루차-클라인의 이 아이디어는 그 후 오랫동안 아인슈타인의 머리에서 떠나지 않았다. 그는 이 이론에 잠재하는 참된 의미를 어떻게든 이해하려고 노력하였지만 성공하지 못했다. 그리고 이 기발한 발상이 재차 세상에 알려진 것은 1970년대 들어서의 일이다.

통일 이론의 탄생

맥스웰에 의해서 완성된 고전전자기학은 매크로 세계에서의 전기-자기 현상을 기술하는 이론이다. 도모나가와 슈윙거는 이 고전전자기학을 마이크로 세계의 전자기 현상을 포괄하는 양자전기역학*으로 확장하였다. 한마디로 양자역학이라 해도 전자기력, 약한 힘, 강한 힘(중력의 양자역학은 아직 완성되지 않았다)을 기술하는 양자역학이 있다. 이 중에서 양자전기역학은 새로

---

* 전자기 상호작용을 기술하는 양자전기역학은 Quantum Electro Dynamics의 머리 문자를 따서 'QED'라 부른다. 강한 상호작용에 대한 양자역학은 교환하는 게이지 입자, 글루온이 컬러하(색하, 色荷)에 결합한다는 특징을 갖는 것에서 '양자색역학(Quantum Color Dynamics: QCD)'이라 부른다. 마찬가지로 약한 상호작용은 위크 보손의 교환으로 쿼크-렙톤의 종류(플레이버: 향기)가 바뀌는 것에서 '양자향역학(Quantum Flavor Dynamics: QFD)'이라 부른다.

운 이론을 구축할 때에 언제나 출발점이 되고 또 본보기가 되는 가장 완성도가 높은 양자역학이다.

전자기력을 매개하는 광자와 약한 힘을 매개하는 위크 보손—이 2개의 게이지 보손이 갖는 놀랄 만한 유사성에 주목하여 전자기력과 약한 힘의 통합을 시도한 사람이 있다. S. 와인버그(미국), A. 살람(파키스탄), S. L. 글래쇼(미국) 세 사람의 이론 물리학자이다. 이 이론은 '통일 이론'이라 불리고 있지만 현재의 소립자 세계를 기술하는 가장 표준적인 이론이라는 의미에서 '표준모형'이라고도 일컬어진다.

5장에서 언급한 것처럼 전자기력은 2개의 하전 입자 간에 광자가 교환됨으로써 전달되고 또 약한 힘은 쿼크, 렙톤 간에 세 종류의 위크 보손(W^+, W^-, Z^0)이 교환됨으로써 전달된다. 이와 같이 2개의 상호작용은 모두 〈스핀 1을 갖는 게이지 입자의 교환〉이라는 공통의 묘상으로 이해할 수 있다. 광자와 위크 보손에는 이러한 유사한 성질이 있는 반면, 두드러진 차이도 볼 수 있다. 그 차이란?

광자는 전자기파의 입자적인 묘상이다. 이러한 것에서 광자의 질량이 제로라는 것은 바로 알 수 있다. 만일 전자기파가 질량을 갖고 있었다면 빛 속에서 생활하는 인간은 빛의 폭탄에 시달려 몸속이 아파 어쩌지 못할 것이다. 사실 〈질량 제로〉는 게이지 입자의 가장 기본적인 성질이다. 글루온, 그래비톤도 질량 제로가 아닌가.

여기까지 말하면 "어, 이상한데"라고 짚이는 점이 있음에 틀림없다. "같은 게이지 입자면서 어째서 위크 보손이 질량을 갖는가"라는 소박한 의문이 생길 것이다. 확실히 이 의문은 소박

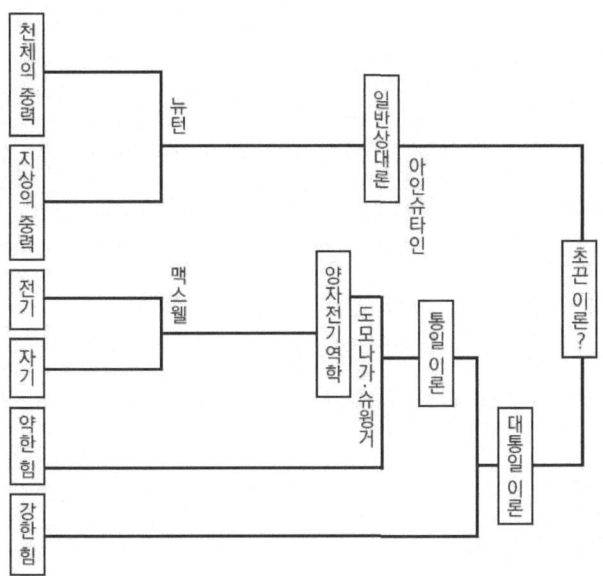

〈그림 6-2〉 기초 이론의 통합 과정

 하지만 본질을 찌르고 있다. 게이지 입자의 질량은 제로여야 할 텐데도 위크 보손만이 질량을 갖는다—바로 이러한 것에 질량의 기원을 해명하는 열쇠가 잠재하고 있기 때문이다.
 상이한 힘을 통일적으로 이해한다는 아인슈타인의 꿈이 지금 전자기력과 약한 힘의 통일 이론의 성공으로서 실현됐다. 이러한 것에 만족한 물리학자는 다음의 단계로서 강한 힘의 통합으로 나아간다. 3개의 힘을 통일한다는 이 이론은 '대통일 이론'이라 부르고, 현재 한창 연구하고 있다. 더욱이 최근에는 더 욕심을 부려 중력을 포함하는 4개의 힘을 모두 통합해 버리려는 굉장한 이론도 궁리되기 시작하고 있다.
 '초끈 이론'이라 부르는 이 이론은 물질(쿼크, 렙톤)과 힘을 단일 이론에서 유도하는 것을 꾀한, 이를테면 궁극의 이론이다(아인슈타인이 살아 있다면 눈물을 흘리면서 기뻐할 것 같다). 그것은 5차원을 훨씬 웃도는 10차원의 세계를 예측한다. 이 경우에도 여분의 6차원은 미소한 세계에 말려들어 있어 관측할 수 없다는 칼루차-클라인의 교묘한 아이디어가 이용되고 있다.

이와 같이 물리학에서의 기초 이론 발전을 보면 그것은 확실히 통합의 역사라는 것을 알 수 있을 것이다(〈그림 6-2〉 참조). 그래서 다음으로 통합 최초의 빛나는 성공인 '통일 이론'에 초점을 맞춰 통일을 위한 처방과 질량이 창조되는 메커니즘을 보기로 하자.

나고야가 달린다

이미 언급한 것처럼 전기-자기의 현상은 맥스웰 방정식에 의해서 매우 정확하게 기술할 수 있다. 이 방정식은 이론이 갖추어야 할 가장 원리적인 2개의 조건

1. 상대론적 불변성
2. 게이지 불변성(또는 게이지 대칭성)

을 충족하고 있다. 첫째 조건은 상대론으로부터의 요청이다. 공간의 위치를 나타내는 데는 가로, 세로, 높이에 대응하는 3차원 좌표계가 필요하다. 물체의 상태는 이 3차원 좌표계상의 점으로서 표현된다. 거듭 물체의 상태가 시간과 함께 바뀌어 가는 모양을 나타내고자 할 때는 시간과 공간의 좌표계를 사용하면 된다. 예컨대 골프공의 운동은 이 좌표계에서 시간과 함께 변화하는 위치좌표로서 표현된다. 또 비근한(흔히 주위에서

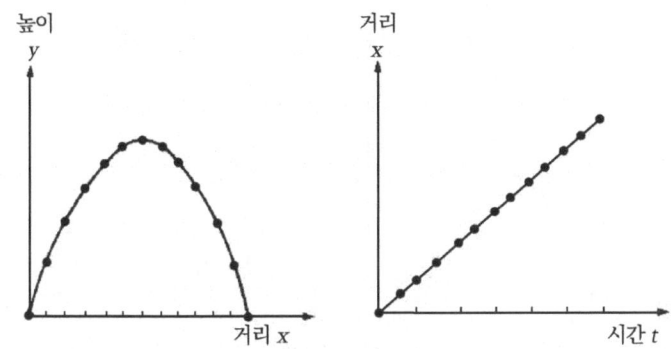

〈그림 6-3〉 물체의 상태가 시간과 함께 바뀌어 가는 모양을 나타내는 시간과 공간 좌표계. (왼쪽) 골프공의 운동 (오른쪽) 열차의 운행을 나타내는 다이어그램

보고 들을 수 있을 만큼 알기 쉽고 실생활에 가까운) 예로서 열차의 운행을 나타내는 다이어그램이 있다(〈그림 6-3〉 참조).

특수상대론에 따르면 서로 등속 운동을 하는 좌표계는 동등하다. 등속 운동이란 힘이 작용하지 않는 운동이고 그러한 좌표계를 '관성계'라 부른다. 예컨대 지구상에 고정된 좌표계와 일정 속도로 달리는 신칸센상에 고정된 좌표계라는 2개의 관성계를 생각해 보자. 그러면 지구상의 공의 운동—그것은 지구상의 좌표계로 표현된다—과 신칸센상의 공의 운동—신칸센상의 좌표계로 표현된다—은 모두 뉴턴의 운동방정식에 의해서 기술할 수 있다. 그때 2개의 좌표계에서 운동방정식이 형태를 바꾸는 일이 있어서는 안 된다. 바꿔 말하면 2개의 좌표계는 물리적으로 완전히 동등하여, 한쪽이 다른 쪽보다 우수하다는 것은 있을 수 없다.

지금 당신이 지구상의 좌표계에 서서 신칸센을 바라보았을

나고야가 달린다……

때 당신은 "신칸센은 나고야(名古屋)를 향해서 시속 200킬로미터로 달리고 있다"라고 주장할 것이다. 그래서 이번에는 당신이 신칸센에 승차했다고 하자. 이때 당신은 신칸센상에 고정된 좌표계에서 정지(靜止)하고 있는 것이 된다. 따라서 이 좌표계를 기준으로 하면 "나고야가 신칸센을 향해서 시속 200킬로미터로 달려온다"라고 주장할 수 있을 것이다.

이 2개의 주장은 어느 쪽도 옳다. 2개의 주장에는 우열이 없다. "나고야가 달린다고 말하면 우스갯거리가 돼 버린다……"라고 부끄러워할 필요는 전혀 없다. 지구는 정지하고 있고 열차는 달리는 것이라고 단정하는 것은 지구상에서 생활하는 인간의 독단이기 때문이다.

상대론적 불변성이란 틀림없이 온갖 관성계에서 물리법칙이 같은 형식으로 기술된다는 요청(공준)이다. 조금 더 구체적으로 말하면 어떤 관성계에서 성립하고 있는 법칙을 별개의 관성계로 변환—이것을 로런츠변환이라 부른다—했을 때 그 법칙이 같은 형태로 되어 있다는 것이다. 물론 고전전자기학의 맥스웰 방정식은 이 공준(公準: 증명이 불가능한 명제로서, 공리처럼 자명하지는 않으나 학문적 또는 실천적 원리로서 인정되는 것)을 충족하고 있다. 그러나 고전역학에 나타나는 뉴턴의 운동방정식은 로런츠 변환에 대해서 불변은 아니다. 그래서 우리는 양자전기역학과 같은 보다 진보된 이론을 구축하는 경우에 맥스웰 방정식을 출발점으로 하는 것이다. 이론이 올바른 것이 되기 위해서는 반드시 '상대론적 불변성'이라는 성질을 갖추고 있어야 한다.

게이지 불변성이란

그런데 둘째의 조건 '게이지 불변성'은 거듭 깊은 의미를 내포하고 있다. 게이지란 척도(尺度)라든가 치수를 의미하는 말로서 철도의 레일 폭 등에 사용되고 있다. 맥스웰 방정식은 전기장이나 자기장으로 적혀 있지만 전기장, 자기장은 거듭 전자퍼텐셜이라 부르는 보다 기본적인 물리량으로 표현된다. 구체적으로는 '벡터 퍼텐셜', '스칼라 퍼텐셜'이라는 2개의 물리량이 대응한다. 이 2개의 기본량에 별개의 물리량을 가하는 조작은 자의 척도를 바꾸는 것에 대응하고 있어 '게이지 변환'이라 부른다.

게이지 변환에 대해서 원래의 방정식이 바뀌지 않을 때 '게이지 불변성' 또는 '게이지 대칭성'이 성립한다고 말한다. 여기서 불변성과 대칭성의 관계에 대해서 한마디 설명해 두자. 대칭성이란 1개의 도형에 어떤 종류의 변환을 시행하였을 때 그 도형의 원래 형태가 불변으로 유지되는 것을 의미한다. 예로서

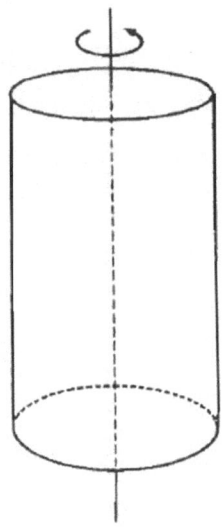

〈그림 6-4〉 원통은 회전축 둘레의 임의 회전에 대해서 형태를 바꾸지 않는다

지금 여기에 차통(茶筒)과 같은 원통형의 물체가 있다 하자.

여기서 이 물체의 수직축의 둘레를 회전시켜도 물체의 형태는 바뀌지 않는다. 결국 이 물체는 수직축의 둘레에 대칭성을 갖는다―라는 것이 된다. 이와 같이 불변성과 대칭성은 밀접하게 관계하고 있으므로 이하에서는 게이지 불변성과 게이지 대칭성을 같은 의미로 사용하기로 한다.

전하를 가진 입자가 전기장-자기장과 상호작용하는 모양은 게이지 변환에 대해서 바뀌지 않는다는 것을 보여준다. 결국 전자기력을 전달하는 전자기장은 게이지 대칭성을 충족하고 있는 것이다. 일반적으로 게이지 대칭성을 충족하는 장을 '게이지장'이라 한다. 이제까지 논의해 온 강한 힘의 장, 약한 힘의 장, 중력의 장 또한 게이지장이다. 이리하여 힘의 장은 모두 게이지장으로 되어 있음을 알 수 있다. 게이지장은 쿼크, 렙톤에 작용해서 힘을 전달하는 역할을 갖고 있다.

전자기력에 대한 게이지 대칭성으로부터 다음의 중요한 결과가 유도된다.

1. 전하는 어떠한 과정에서도 보존된다.*
2. 광자의 질량은 제로여야 한다.

전자기력의 세기는 전하에 의해서만 결정된다. 이러한 전자기 상호작용의 보편적인 성질을 보증하기 위해서는 전하가 단독으로 없어지거나 나타나거나 해서는 곤란하다. 다만 4장에서 언급한 전자-양전자의 소멸 반응으로 전자가 없어지는 경우

$$e^- + e^+ = 2\gamma, 3\gamma \cdots\cdots$$

과 혼동하지 않기를 바란다. 이것은 전자가 단독으로 없어진 것이 아니고 양전자라는 짝과 함께 플러스, 마이너스 2개의 전하가 상쇄된 것이다. 덧붙여 말하면 위의 반응에서는 시작 상태, 종료 상태와 함께 전하의 총계는 제로가 되어 전하의 보존이 성립하고 있다.

둘째의 결론은 더 일반적으로 "모든 게이지 입자(광자, 글루온, 위크 보손, 그래비톤)의 질량이 제로다"라고 말할 수 있다. 게이지 보편성이라는 대원칙을 전제로 하는 한 게이지 입자는 질량을 가져서는 안 된다. 하지만 실제로는 위크 보손의 질량이 양성자의 100배나 된다! 이대로라면 게이지 이론은 성립하지

---

* 불변성과 보존량의 관계는 일반적으로 '네타의 정리'에 의해서 주어진다. 이 정리로부터 이론이 게이지 불변성을 충족시키고 있으면 전하의 보존이 보증된다.

않는 것 아닌지……..

 전자기 상호작용에 대한 게이지 이론 '양자전기역학'의 올바름은 이미 실험으로도 높은 정밀도로 검증되어 있다. 이 게이지 이론을 모든 상호작용을 기술하는 기본 이론으로서 확장하기 위해서는 아무래도 위크 보손이 유한의 질량을 가짐을 모순 없이 설명해야 한다.

국소 게이지 대칭성

 게이지 이론의 최대 장점은 게이지 대칭성이라는 단순한 원리에 따라서 극히 자연스럽게 힘이 만들어진다는 것이다. 질량 생성의 메커니즘을 고찰하기 전에 이 게이지 이론의 매력 있는 성질에 대해서 설명해 두자.

 대칭성의 개념은 도형에서 볼 수 있는 것 같은 기하학적인 대칭성—원통형에 대해서는 수직축 둘레의 회전에 대한 불변성—이외에 더 일반적인 변환에 대한 불변성도 포괄하는 보편적인 사고 방법이다. 비기하학적인 대칭성의 예로 전자기학에서의 전하의 대칭성을 들 수 있다. 예컨대 전하를 갖는 몇 개의 입자가 공간에 분포되어 있고 한 쌍씩의 입자에 작용하는 전기력이 모두 측정되어 있었다 하자. 이때 모든 전하의 부호를 동시에 바꿔도 힘은 불변으로 유지된다. 전하의 부호를 바꾸는 것은 기하학적인 회전은 아니지만, 이것을 어떤 종류의 회전이라 간주하여 '내부 회전'이라 부른다. 내부 회전에 의해서 나타나는 대칭성이 내부 대칭성이다. 여기서도 불변성과 대칭성이 대응하고 있음을 알 수 있다.

 이러한 대칭성은 '대국적 대칭성(Global Symmetry)'이라 부른

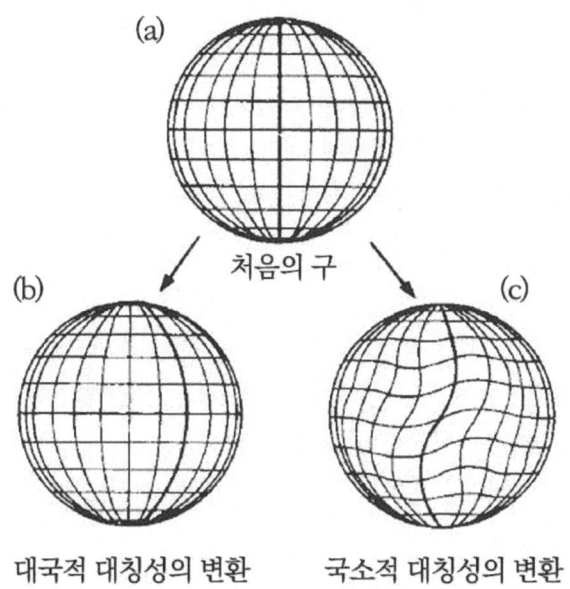

〈그림 6-5〉 대칭성의 변환

다. 그것은 공간의 모든 점에서 (전하의 부호) 변환이 동시에 행해지는 것을 의미하고 있다. 어떤 입자에 작용하는 전기력을 불변으로 유지하기 위해서는 그 입자에 작용하는 모든 하전 입자―그것은 우주에 있는 모든 하전 입자이다―를 생각하고, 그 전하의 부호를 동시에 바꾼다는 조작이 필요해진다.

우리가 가장 흔히 경험하는 이 대국적 대칭성에 대응해서 '국소적(Local) 대칭성'이라 부르는 또 하나의 대칭성이 있다. 〈국소적〉이라는 의미는 어떤 변환이 공간의 각 장소에 독립적으로, 그리고 임의의 시각에 행해진다는 것이다. 2개의 대칭성의 차이를 보기 위해 다음과 같은 예를 생각해 보자.

지금 여기에 〈그림 6-5〉의 (a)에 보여주는 것 같은 구형의 풍선이 있다 하자. 그 위에는 풍선상의 위치를 보여주는 좌표계—지구의(지구본)의 경선-위선에 상당하는 선—가 표시되어 있다. 풍선 전체를 어떤 축의 주위에 회전시켰을 때 그것에 의해서 구의 형태는 바뀌지 않은 것이므로 분명히 이것은 대칭 조작이다(〈그림 6-5〉의 (b)). 더구나 이것은 풍선상의 모든 좌표를 동시에 변환하고 있는 것이므로 대국적 대칭성에 상당한다. 그래서 이번에는 풍선 전체의 형태가 바뀌지 않는 것에 주의하면서 표면상의 점을 전적으로 임의로 이동시켜 보면 틀림없이 국소적 대칭성의 변환이 실현된다(〈그림 6-5〉의 (c)).

〈구형〉을 바뀌지 않도록 하여 〈좌표값〉을 바꿨다—이러한 것에 의해서 (c)처럼 〈좌표의 뒤틀림〉이라는 변화가 생겼다. 이것은 국소적 대칭성의 변환이 불완전하기 때문에 나타난 변화는 아니다. 실제 이러한 뒤틀림을 야기시키기 위해서는 풍선에 힘을 가해서 잡아당겨주면 된다. 바꿔 말하면 국소적 대칭성의 변환에 의해서 이동한 점 사이에 장력(張力, 또는 인력)이 발생하였다는 것이 된다.

풍선 실험은 다음과 같은 중요한 결론을 유도한다. "어떤 물리법칙이 대국적 대칭성에 대해서 불변일 때 거듭 국소적 대칭성에 대해서도 불변이어야 한다는 보다 강한 제약(制約: 조건)을 부과함으로써 새로운 힘의 장이 생긴다." 이 장의 힘이야말로 '게이지장'이다. 그리고 게이지장의 양자, 게이지 입자의 교환에 의해서 새로운 힘이 전파된다.

숨겨진 대칭성

 국소 게이지 대칭성을 요청함으로써 "필연적으로 새로운 힘을 유도한다"라는 게이지 이론의 매력 있는 성질을 상실하지 않고, 이론이 모든 자연현상을 모순 없이 설명하기 위해 마지막으로 해결해야 할 과제는 질량의 발생에 대한 메커니즘을 밝히는 일이다.
 질량을 임의로 주는 것, 즉 질량이라는 물리량을 이론에 가지고 들어오는 것은 가장 안이한 방법이지만 그러한 것을 하면 바로 그 순간 게이지 대칭성이 깨져 버린다. 그래서 궁리해낸 것이 게이지 대칭성의 본질을 유지하면서 위크 보손에 질량을 주기 위한 교묘한 메커니즘 '게이지 대칭성의 자발적 깨짐'이다. 대칭성의 자발적 깨짐에 대한 최초의 아이디어는 독일의 물리학자 W. 하이젠베르크의 강자성체 이론 속에서 제안되었다.
 막대자석의 두 끝에는 N극과 S극이 있다. 이 자성체(磁性體: 자기장 속에서 자기화하는 물질)를 미시적으로 보면 작은 원자자석(N-S의 쌍)*이 일정 방향으로 가지런히 배열하고 그것에 수반해서 자화(磁化, 자기화: 자기장 안의 물체가 자기를 띠는 현상)가 나타난다. 이것을 자발자화라 한다. 그래서 이 자석을 가열해 보면 원자자석의 방향은 열운동에 의해서 흐트러지고 전체로서 자화는 없어져 버린다. 이때 자석의 내부에는 특별한 방향이 없어지고 공간은 완전히 대칭적이 된다. 이번에는 이 상태에서 자석의 온도를 내려보자. 그러면 2개의 원자자석 사이에 평행

---

* 원자는 스핀이라 부르는 양자수를 갖는다. 스핀은 상대론적 양자역학에서 디랙 방정식의 풀이로서 구할 수 있다. 스핀은 원자 수준의 자석이 갖는 성질이라 생각할 수 있다.

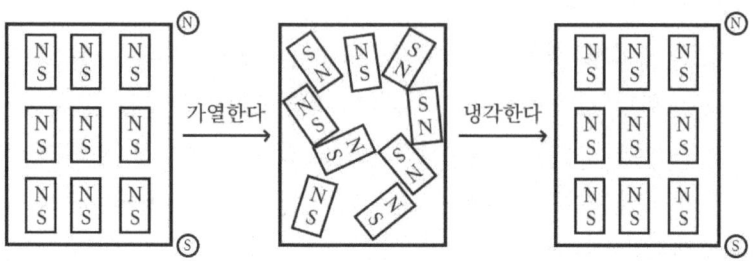

〈그림 6-6〉 자석을 미시적으로 보면 작은 자석(원자자석)이 일정 방향으로 배열하고 있다. 이것을 가열하면 작은 자석 방향은 뿔뿔이 흩어진다. 이것을 냉각하면 모든 원자자석이 일정 방향으로 배열하고 자화가 일어난다(자발자화)

이 되려고 하는 힘이 작용하여 그것이 차례로 주위의 원자자석에 영향을 미치고 마지막에는 모든 원자자석이 일정 방향으로 정렬한다. 그것은 원자자석이 뿔뿔이 존재하는 것보다 정렬(整列)한 쪽이 안정—에너지가 낮다—하다는 것을 의미한다. 이리하여 재차 자발자화가 나타난다(그림 6-6).

처음 공간은 전적으로 대칭적이고 따라서 자성체는 어느 방향으로도 자화할 수 있었을 것인데도 현실의 자석은 어떤 특별한 방향으로 자화하고 있다. 최초의 원자자석이 때마침 어떤 방향을 선택하였기 때문에 그 밖의 원자자석은 모두 그 방향을 향한 것이다. 이 경우 자화의 방향이 공간의 어느 방향으로도 같은 확률로 일어난다는 의미로 대칭성은 유지되고 있다. 그 대칭성은 때마침 어떤 방향이 선택되었기 때문에 숨겨져 있는 것뿐이다. 이것이 '대칭성의 자발적 깨짐'이다.

이 사고를 게이지장에 적용하면 국소 게이지 대칭성의 자발적 깨짐을 유도할 수 있다. 광자의 경우가 그러한 것처럼 게이지 대칭성이 성립하고 있으면 게이지 입자의 질량은 제로여야 했다. 하지만 지금은 사정이 다르다. 대칭성이 (자발적으로) 깨진 것이다. 그리고 그러한 것에 의해서 위크 보손은 질량을 가질 수 있게 된 것이다.

더구나 이 경우 대칭성은 본질적으로 깨지지 않은—그것은 단순히 숨겨져 있을 뿐이었다—것이므로 게이지 이론이 가지는 특징을 그대로 유지할 수도 있다. 이 교묘한 수법 속에 질량 창조의 수수께끼가 숨어 있다.

질량을 만들어 내다

국소 게이지 대칭성의 자발적 깨짐—이 유례가 드문 아이디어의 내용을 조사하면서 힉스 기구의 진수(眞髓)에 다가서 보자.

우리를 둘러싸는 진공 상태는 에너지가 가장 낮은 상태로서 정의할 수 있다. 3장에서도 언급한 것처럼 물질과 에너지는 서로 전화(轉化)한다. 따라서 만일 거기에 물질이 존재하면 그만큼 에너지가 높아져서 그러한 상태는 이미 진공 상태가 될 수 없다.

대칭성의 자발적 깨짐이 일어나고 있지 않을 때의 장의 에너지 V(정확히는 퍼텐셜 에너지)는 〈그림 6-7〉의 (a)처럼 되어 있다. 세로축이 에너지 V, 가로축이 장의 파동함수 ϕ_1, ϕ_2*를 나타낸다. 진공 상태는 최저의 에너지 상태(ϕ가 제로인 장소)에

---

* 양자역학에서는 장의 거동을 파동함수로 나타낸다. 이것은 파동으로서 전달되는 물리량이 시간과 공간에 어떻게 의존하고 있는가를 보여주는 함수라 생각할 수 있다. 여기서 생각하고 있는 장은 새로운 진공의 장 '힉스 장'이므로 V를 힉스 퍼텐셜, ϕ를 힉스장이라 부른다.

(a)

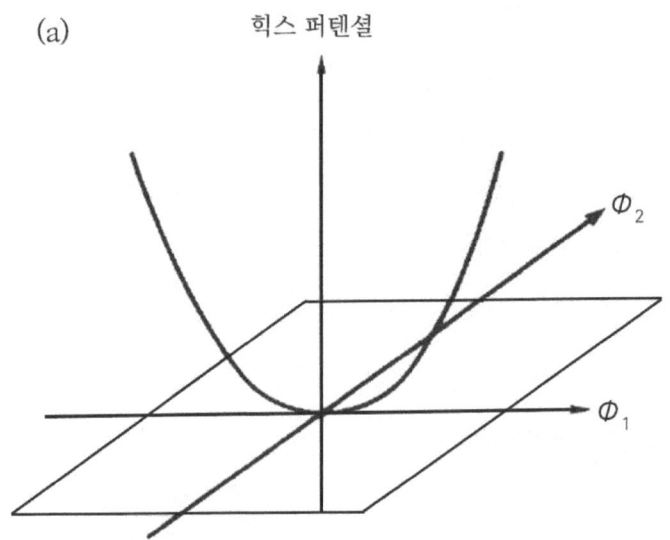

(a) 대칭성의 자발적 깨짐이 일어나고 있지 않을 때의 장 에너지

(b)

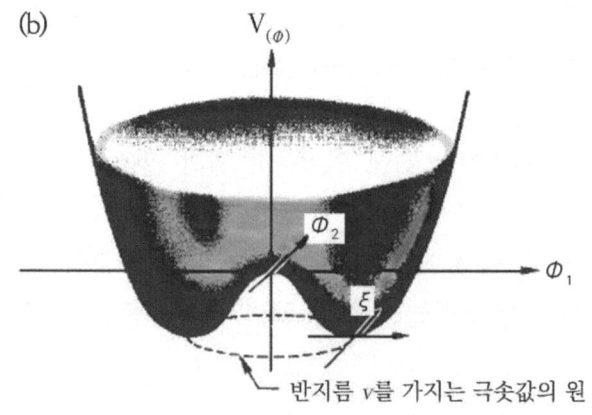

〈그림 6-7〉 (b) 대칭성의 자발적 깨짐이 일어나고 있을 때의 장 에너지

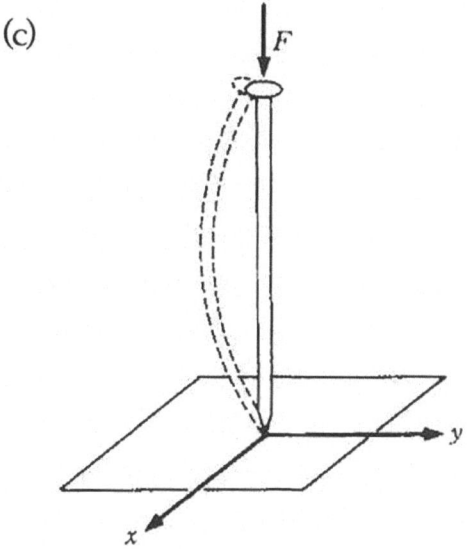

(c) 강봉(鋼棒)에 힘을 가한다

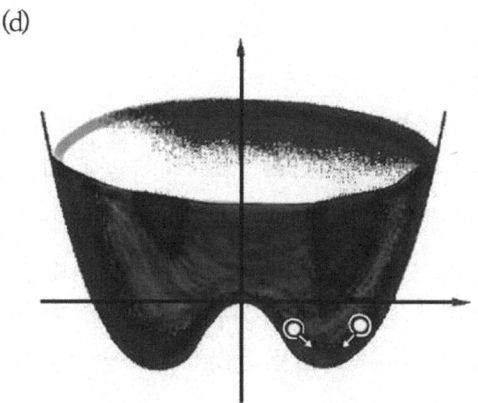

(d) 에너지 최솟점(진공) 주위의 안정한 진동

상당한다. 〈그림 6-7〉의 (a)에서 명백한 것처럼 이러한 장에서 게이지 대칭성은 완전히 보증되어 있고 질량의 생성은 일어날 수 없다.

여기서 대칭성의 자발적 깨짐을 도입해 본다. 그러면 새로운 장의 퍼텐셜 에너지는 〈그림 6-7〉의 (b)처럼 변화한다. 놀랍게도 이제까지 진공이라고 생각되었던 장소(〈그림 6-7〉의 (a)에서 ϕ가 제로인 장소)는 이미 최저의 에너지 상태가 아닌 것이 돼 버렸다. 더 낮은 에너지 상태가 장이 제로와는 다른 장소(원점의 주위)에 나타난 것이다. 이 새로운 진공이야말로 확실히 질량 생성 능력을 갖춘 '힉스장'이다.

〈그림 6-7〉의 (b)에서 명백한 것처럼 힉스장은 원점 주위의 대칭성을 갖는다. 하지만 실제의 양자 상태는 이 원형(圓形)의 홈이 있는 정해진 장소를 취해야 한다. 그 장소는 원형 홈의 어디라도 괜찮은 것이지만 아무튼 어딘가에 고정되어야 한다. 그리고 그러한 장소를 고정시킨 바로 그 순간 게이지 대칭성의 〈자발적 깨짐〉이 생긴다. 그것은 또 위크 보손이 질량을 획득한 것을 의미한다.

대칭성의 자발적 깨짐에 대해서 또 하나의 예를 소개하자. 가는 막대를 1개 가지고 와서 원점에 세우고 힘을 가한다(〈그림 6-7〉의 (c)). 막대가 원점에 머무르고 있는 상태—이것이 대칭성이 성립하고 있는 장, 즉 〈그림 6-7〉의 (a), 질량 제로의 장에 상당한다. 그래서 거듭 힘을 강하게 해 보면 막대는 이윽고 굽는다. 이렇게 된 쪽이 똑바른 채로 있는 것보다 에너지가 낮고 안정하기 때문이다. 이것이 〈그림 6-7〉의 (b)에 해당한다.

그러나 막대는 어느 방향으로도 굽힐 수 있는 것이므로 미리 어느 쪽을 향할지는 예상할 수 없다. 이것이야말로 틀림없이 대칭성이 〈자발적〉으로 깨져 있는 것에 대한 증거가 아닐까. 이리하여 대칭성을 깬 것처럼 보이게 해서 게이지 보손의 질량을 만들어낼 수 있는 것이다.

그런데 〈그림 6-7〉의 (b)와 같은 힉스장이 있었을 때 실제의 양자 상태는 새로운 진공—그것은 에너지 최소의 장소, 즉 홈이 가장 깊은 장소—의 둘레의 양자적 흔들림이 되어 나타난다. 이 홈 속에 구를 넣어 좌우로 작게 진동시켜 본다. 만일 마찰이 없는 이상적인 운동이라면 그것은 에너지 최솟점의 둘레의 안정한 진동을 계속할 것이다(〈그림 6-7〉의 (d)). 이러한 안정된 진공에서 흔들림은 섭동(일반적으로 역학계에서, 주요한 힘의 작용에 의한 운동이 부차적인 힘의 영향으로 인하여 교란되어 일어나는 운동)의 방법으로 계산할 수 있어 그러한 것에 의해서 올바른 물리적인 묘상(描像)을 예측할 수 있다.

그런데 만일 구를 원점에 두면 구가 언덕길을 굴러떨어져 원래의 장소로 되돌아가는 일은 없다. 이러한 불안정한 운동에서 섭동 계산은 발산(發散: 수열에서 어떤 일정한 수 임의의 근방에 항들이 모이지 않고, 극한에서 양 또는 음의 무한대가 되거나 진동하는 일)하여 이론은 물리현상에 대해서 예언 능력을 상실해 버린다. 이론이 예언 능력을 갖는지 어떤지는 올바른 진공—여기서는 힉스장—의 도입에 의해서 섭동 계산이 수렴하는 것에 걸려 있다. 이 점에 대해서는 다음 절에서 조금 더 상세히 조사하기로 하자.

물질에 질량을

2장에서 관성질량과 중력질량을 설명했다. 또 3장에서는 물질을 구성하는 가장 기본적인 요소가 쿼크, 렙톤이라는 것을 배웠다. 그리고 지금 힉스 기구에 의해서 게이지 입자가 질량을 획득한 것을 알았다. 여기서 자연을 구성하는 〈보통의 물질〉에 대해서 질량을 획득하는 메커니즘을 생각해 보자.

물질을 끝까지 파고들어 밝혀보면 쿼크, 렙톤으로 구성되어 있는 것이기 때문에 물질의 질량은 쿼크, 렙톤이 떠맡고 있다고 생각해도 될 것이다. 즉 쿼크, 렙톤의 질량을 전부 더해서 합치면 매크로한 물질의 질량이 얻어진다. 결국 "물질의 질량은 어디서부터 다가온 것인가"라는 과제를 생각할 때 쿼크, 렙톤에 주목해서 그 질량의 기원을 마이크로한 입장에서 생각해 가면 되는 것이다.

그래서 우선 마음에 걸리는 것이 〈도대체 쿼크, 렙톤의 질량이란 관성질량인가, 중력질량인가〉라는 것이다. 우리는 이러한 마이크로 세계에서도 등가원리(2-9. '아인슈타인의 등장' 참조)가 정당한 가설이라고 생각하는 것에 조금도 주저하지 않는다. 등가원리로부터 출발해서 구축된 아인슈타인의 상대성 이론은 매크로의 세계, 마이크로의 세계를 불문하고 성립하는 올바른 이론이다. 그렇다면 2장의 결론은 여기서도 그대로 통용된다. 즉 "관성질량과 중력질량은 엄밀히 똑같다"라고. 결국 쿼크, 렙톤도, 게이지 보손 등 온갖 것의 관성질량과 중력질량은 똑같은 것이다.

그렇다고는 하지만 쿼크, 렙톤의 질량을 실제로 측정하는 것이 되면 이야기는 달라진다*. 예컨대 전자는 9.1×10^{-31}그램이라는 미소한 질량을 갖는다. 이 질량을 중력질량의 정의에 따라서 천칭으로 측정할 수 있는 것일까. 그러한 초고감도의 천칭은 어디를 찾아도 없다!

 운동하는 하전 입자는 자기장 중에서 굽어진다. 그리고 그 굽어지는 정도는 입자의 '관성질량'에 비례한다. 결국 자기장 속 하전 입자의 운동을 관측하고 거기서부터 결정할 수 있는 질량은 '관성질량'이 된다. 물론 등가원리를 믿는 한, 그것은 또한 '중력질량'이라 생각해도 되지만. 우리는 등가원리에 전폭적인 신뢰를 두어 이후의 논의에서는 관성질량과 중력질량을 구별하지 않고 단순히 질량이라 부르고자 한다.

 그러면 여기서 힉스 기구와 쿼크, 렙톤의 질량과의 관계를 게이지 입자의 경우를 참고로 하면서 생각해 보자.

 문제는 원래 질량이 없는 게이지 입자(예컨대 광자) 속에 질량을 갖는 위크 보손이 있다는 것으로부터 출발했다. 게이지 대칭성이 성립하고 있는 세계에서 질량은 나타나지 않기 때문에 무언가의 방법으로 대칭성을 깨야 했다. 그래서 '게이지 대칭성의 자발적 깨짐'이라는 교묘한 아이디어가 궁리되었다. 대칭성의 자발적인 깨짐은 새로운 진공 상태 '힉스장'이 돼서 그 모습을 나타낸다.

 이 새로운 진공은 지구상에서만이 아니고 우주 전체에 고르게 존재하고 있을 것이다. 결국 게이지 입자, 그리고 쿼크, 렙톤 등 모든 것이 이 힉스장 속에 놓여 있다. 그렇다면 쿼크,

---

* 쿼크는 단독으로 튀어 나가지 않는 성질을 갖기 때문에 그 질량을 실험으로 직접 측정할 수는 없다. 그러나 〈쿼크와 렙톤이 물질의 질량을 떠맡고 있다〉는 것은 질량을 측정할 수 있는지 아닌지라는 기술적인 문제와 관계없이 성립하는 기본적인 사고 방법이다.

렙톤 또한 게이지 입자와 같은 메커니즘, 즉 게이지 대칭성의 자발적인 깨짐에 의해서 질량을 획득하였다고 생각할 수 있다. 이것은 또 우리 주위에 있는 〈보통의 물질〉이 질량을 획득한 메커니즘이라고 말해도 될 것이다. 왜냐하면 쿼크, 렙톤은 물질의 기본적인 요소*이기 때문이다.

힉스 기구

국소 게이지 대칭성의 자발적 깨짐에 의해서 게이지 입자가 질량을 갖는 것을 알았다. 힉스 기구의 우수한 점은 질량의 기원에 대해서 그 메커니즘을 밝힌 것은 말할 것도 없지만 자연이 갖는 많은 새로운 성질을 예언할 수 있는 것이다. 이러한 것을 전자기 상호작용과 약한 상호작용에 유사한 2개의 과정에 대해서 구체적으로 살펴보자.

여기서 〈유사한〉이라 완곡한 표현을 한 것은 이제부터 다루는 상호작용이 우리가 실제 관측하는 게 아니고, 게이지 대칭성이 성립하고 있는 세계, 요컨대 이론의 정합성(整合性)을 우선(優先)시켰을 때의 이상화(理想化)된 세계에서의 상호작용이기 때문이다. 그러한 의미에서는 '원시의 전자기 상호작용', '원시의 약한 상호작용'**이라 표현하는 편이 좋을지도 모른다.

---

* 7장에서 언급하는 것처럼 우주의 진화 속에서 우선 처음으로 쿼크가 나타나고 그 후에 소립자, 원자, 분자라는 물질의 복잡한 구조가 형성되어 왔다. 우주 초기에 진공의 대칭성이 자발적으로 깨져 쿼크가 질량을 획득하는데, 그 〈질량을 가진〉 쿼크를 소재로 하여 오늘날 보는 물질이 형성된 것이다.

** 군론(群論: 군의 이론과 응용에 관하여 연구하는 학문. 수학의 한 분야이다)의 표현으로는 유니터리군 $U(1)$이 원시의 전자기 상호작용, 특수유니터리군

이 2개의 힘은 크기도 거의 같고 1개의 이론 속에 통합되어 있으므로 통일된 힘이라 생각할 수 있다. 이러한 이유로 이 힘을 '전약력(電弱力)'이라 부른다.

결국 우리는 일단 현실의 세계를 떠나 게이지 대칭성이 성립하고 있는, 말하자면 이상화된 세계에서 형식적으로 정합성이 있는 아름다운 이론을 만들려고 하는 것이다. 그렇게 해 두고 게이지 대칭성을 자발적으로 깸으로써 현실의 세계에 내려가려는 것이다. 그것은 또 관측되는 상호작용을 유도하여 물질에 질량을 부여하는 것이기도 하다.

원시의 전자기 상호작용에 대해서 1개의 게이지장(게이지 입자)과 1개의 스핀 제로의 장(힉스장)을 가정한다. 국소 게이지 불변성이 성립하고 있을 때 게이지 입자의 질량은 제로이다. 그래서 대칭성의 자발적 깨짐을 요구하면 질량을 갖는 게이지 입자 이외에 질량 제로이고 스핀 제로인 '골드스톤 보손'과 스핀은 제로이지만 질량을 갖는 '힉스 입자'가 나타난다. 대칭성을 자발적으로 깨면 반드시 질량 제로의 보손(골드스톤 보손)이 나타나는 것은 처음에 난부(南部) 등에 의해서 지적되고, J. 골드스톤이 일반적인 정리로서 증명했다. 이것을 '골드스톤의 정리'라 부른다.

골드스톤 보손이 나타나는 것은 직감적으로 다음과 같이 생각할 수 있다. 힉스 퍼텐셜(〈그림 6-7〉의 (b))에서 홈이 원의 접선 방향(ξ의 방향)에 평탄하고 따라서 구는 그 방향으로는 진동하지 않고 빙글빙글 계속 회전한다. 이 운동의 자유도가 질량 제로의 입자에 상당하는 것이다. 처음에 언급한 자석의 경우에

SU(2)가 원시의 약한 상호작용에 대응한다.

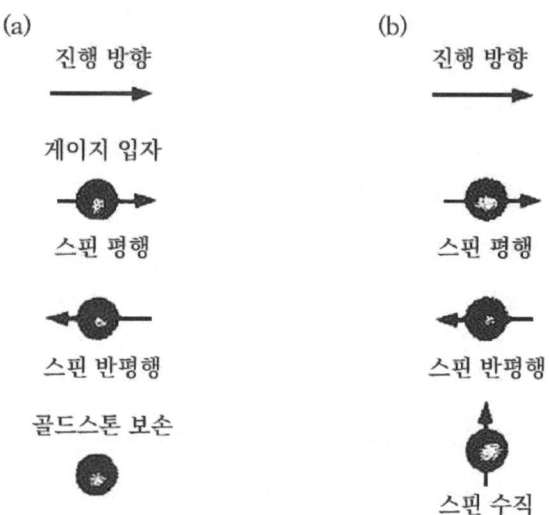

〈그림 6-8〉 (a) 질량을 갖지 않는 게이지 입자와 스핀 성분(진행 방향으로 평행이나 반평행). 그리고 골드스톤 보손
(b) 질량을 갖는 게이지 입자와 스핀 성분(진행 방향으로 평행, 반평행, 수직)

골드스톤 보손은 무한으로 에너지가 작은 '장거리 스핀파(波)'가 돼서 나타난다.

이제까지 알려져 있는 질량 제로의 소립자는 광자, 글루온이라는 게이지 입자지만, 이것들은 스핀 1을 갖는다. 소립자의 세계에서는 질량 제로이고 동시에 스핀 제로인 입자는 존재하지 않음을 알고 있다. 현실과의 정합성을 유지하기 위해서는 골드스톤 보손을 이론에서 없애야 한다. 이 경우에도 힉스 기구에는 교묘한 방법으로 해결의 길이 준비되어 있다.

여기서 게이지 입자의 스핀 상태가 문제가 된다. 게이지 입자의 스핀은 크기 1의 벡터량(크기와 방향을 갖는 양)*으로 나타내는데 운동학적인 이유에서 스핀의 방향과 게이지 입자의 진행 방향에는 일정한 관계가 있다. 〈그림 6-8〉을 보기 바란다. 질량을 갖지 않는 게이지 입자의 경우에 스핀은 진행 방향으로 평행이거나 반평행이지만(a), 게이지 입자가 질량을 가지면, 또 하나 스핀수직의 성분이 나타난다(b).

국소 게이지 불변성의 자발적 깨짐에 의해서 게이지 입자가 질량을 가지면 〈스핀수직 성분〉이라는 새로운 자유도가 발생했다. 도대체 이 자유도는 어디에서 찾아온 것일까? 사실은 게이지 변환을 상세히 조사해 보면 이 자유도는 골드스톤 보손의 화신(化身: 어떤 추상적인 특질이 구체화 또는 유형화된 것)임을 알 수 있다. 결국 게이지 입자는 골드스톤 보손을 먹고 스스로의 질량을 획득한 것이다(그것은 또 스핀수직 성분이 나타난 것과도 대응하고 있다).

원시의 약한 상호작용에 대해서도 같은 절차를 밟아서 힉스 기구를 도입할 수 있다. 이번에는 3개의 질량 제로의 게이지 보손과 상호작용하고 있는 4개의 스핀 제로의 장(힉스장)이 필요해진다. 물론 이 경우에도 골드스톤 보손이 나타나지만 그것은 게이지 입자에 먹혀 버린다. 그 결과 처음에 질량을 갖지 않았던 3개의 게이지 보손은 질량을 획득**하여 최종적으로는 질량을 갖는 3개의 게이지 보손과 1개의 힉스 입자가 남게 된다.

---

* 벡터의 예로는 속도, 가속도, 힘 등이 있다. 이에 반해서 질량, 거리, 온도처럼 크기만을 갖는 양을 스칼라라 부른다.
** 전하를 갖지 않는 위크 보손(Z^0)과 광자는 원시의 전자기 상호작용과 원시의 약한 상호작용이 서로 혼합된 것이다. 그 결과 광자의 질량이 제로이고 위크 보손(Z^0)이 질량을 갖게 된다.

아무튼 힉스 기구의 이 교묘한 메커니즘에는 단지 놀랄 뿐이다. 힉스 기구는 질량이라는 극히 평범한 개념에 빛을 쬐어 자연의 심오한 세계에 잠재하는 풍요로운 모습을 표면화한 것이다.

표준모형으로

전자기 상호작용과 약한 상호작용이라는 가장 상세하게 해명되어 있는 2개의 힘에 대해서 질량이 생성되는 메커니즘을 보았다. 이제까지의 논의에서 국소 게이지 대칭성과 그 자발적 깨짐, 골드스톤 보손, 스핀수직 성분 등 전문적인 말이 많이 나왔다. 그래서 앞으로 진행시키기 전에 질량의 기원을 밝히기 위한 이론적인 틀과 그 속에서 제안되어 온 새로운 개념을 정리해 두자.

1. 전자기 상호작용으로 성립하고 있는 '게이지 대칭성'을 대전제로 한다. 이때 힘을 전달하는 게이지 입자의 질량은 제로여야 한다.

2. 이론이 (대국적 대칭성은 물론) '국소 게이지 대칭성'을 충족할 것을 요구하면 힘의 장을 만들어 낼 수 있다(이때에도 게이지 입자의 질량은 제로 그대로이다).

3. '국소 게이지 대칭성의 자발적 깨짐'의 도입에 의해서 게이지 입자가 질량을 획득한다.

4. 대칭성을 자발적으로 깨면 '골드스톤 보손(질량도 스핀도 제로인 입자)'과 '힉스 입자(질량은 갖지만 스핀 제로의 입자)'가 나타난다.

5. 게이지 입자가 질량을 획득하면 '스핀수직 성분'이라는 새로운 자유도가 나타나는데, 이것은 골드스톤 보손이 변신함으로써

생긴 자유도다. 결국 질량 제로의 게이지 입자가 골드스톤 보손을 먹고 질량을 갖게 된 것이다.

이것으로 준비는 갖추어졌다. 이제부터 해야 할 일은 2개의 상호작용을 통합해서 전약(電弱) 상호작용을 유도하여 '통일 이론'을 완성시키는 일이다. 여기서는 표준모형으로서 알려져 있는 '와인버그-살람 모형'에 대해서 설명하자. 다만 〈질량의 기원을 해명한다〉라는 이 책의 목적은 이제까지의 논의에서 거의 달성된 것으로 생각되므로 이하의 논의는 적당히 건너뛰어 읽어도 상관없다.

먼저 〈원시의 전자기력〉과 〈원시의 약한 힘〉을 상정(어떤 정황을 가정적으로 생각하여 단정함, 또는 그런 단정)해서 4개의 게이지 장(게이지 입자)과 4개의 스핀 제로의 장(힉스 장)을 도입한다. 물론 게이지 입자는 모두 질량 제로이다. 게이지장이 4개라는 것은 전자기력을 전달하는 1개의 광자와 약한 힘을 전달하는 3개의 위크 보손이 필요하다는 실험사실이 머리에 있기 때문이다.

"게이지장이란 힘을 전달하는 장이다. 처음부터 4개의 게이지장을 가정한다면 그것은 힘의 통일이라고 말할 수 없는 것이 아닌지?"라는 의문을 가질지도 모른다. 확실히 그대로이다. '통일 이론(Unified Theory)'이라는 표현은 오해를 초래하기 쉬우므로 조금 설명이 필요할 것이다.

〈힘의 통일〉이라든가 〈통일된 전약력(電弱力)〉이라면 마치 전자기력과 약한 힘이 일원화되어 있는 것 같은 인상을 준다. 만유인력의 법칙은 천체의 운동과 지상에서의 물체의 운동을 일원화하여 통일적으로 설명할 수 있는 기본 법칙이었지만 그러한 의미에서는 표준모형이 참된 통일 이론이라고 할 수 없다.

2개의 힘의 기원이라고도 할 4개의 장—원시의 전자기 상호작용, 원시의 약한 상호작용이 생기는 장—은 처음부터 도입되어 있었기 때문이다.

그러나 표준모형은 2개의 상호작용—전자기 상호작용과 약한 상호작용—을 동일한 수준에서 파악하고 동시에 양자(兩者: 두 개의 사물)의 관계를 밝히고 있어 그러한 의미에서 일반적으로 통일 이론*이라 불리고 있다. 거듭 이론의 중심이 되는 '힉스 기구'에 의해서 게이지 입자의 질량을 구체적으로 생성할 수 있었던 것은 소립자를 기술하는 표준모형으로서의 평가를 확실한 것으로 하고 있다.

힉스 입자 나타나다

표준모형의 처음 단계에서 4개의 게이지장은 모두 질량 제로의 장이다. 따라서 이들의 장은 무한대의 도달거리를 갖는다(광자, 글루온의 장을 상기하기 바란다). 4개의 장은 양과 음의 전하를 갖는 장이 하나씩, 중성의 장이 2개로 구성된다.

그러면 여기서 잘 아는 수법 '국소 대칭성의 자발적 깨짐'을 적용해 보자. 그러면 양음 전하의 게이지 보손(W^+, W^-)과 2개의 중성 게이지 보손(Z^0, γ)이 나타나는데, 이 가운데 3개의 게이지 입자(W^+, W^-, Z^0)는 큰 질량을 획득한다. 약한 상호작용을 전달하는 위크 보손이 질량을 획득한 것이므로 약한 힘의 도달

---

* 전자기 상호작용과 약한 상호작용의 세기에는 1,000배의 차이가 있다. 그러나 게이지 대칭성이 성립하고 있는 경우 '원시의 전자기 상호작용'과 '원시의 약한 상호작용'의 세기의 비는 1 대 2가 되어 거의 같다. 이러한 것으로부터 2개의 힘은 대등하게 취급되고 있다고 생각되고, 이것이 '통일 이론'이라 부르는 또 하나의 근거다.

거리는 10^{-16}센티미터로 짧아진다(5-11. '네 개의 힘' 후반부 논의를 상기하자).

네 번째의 게이지 입자는 질량 제로인 채로 남아 광자가 된다. 이것은 전자기 상호작용에서 게이지 대칭성이 보존되어 있음을 보여주고 있다.

4개의 힉스장 가운데 3개가 골드스톤 보손이 되는데 그것은 게이지 입자에 먹혀 위크 보손의 질량으로 바뀌어 있다. 결국 이론은 골드스톤 보손이 나타나지 않는다는 바람직한 성질을 갖고 있다.

여기서 주목해야 할 것은 마지막(네 개째) 힉스장이 질량을 갖는 스핀 제로의 입자인 '힉스 입자'가 된다는 것이다. 표준모형의 근간인 '힉스 기구'는 위크 보손의 질량을 생성한다는 점에서 대성공을 거두었다. 그렇다면 이것만으로 표준모형은 궁극의 올바른 이론이라고 단언해도 되는 것일까.

여기에 실험과 이론의 양면에서 검토해야 할 문제가 2개 있다. 첫째는 힉스 기구에 의해서 새로운 입자 '힉스 입자'를 예언할 수 있기 때문에 이것을 실험으로 관측하는 것. 둘째는 이론이 갖추어야 할 기본적인 성질로서 '편입 가능성'이 보증되어 있는 것이다. 편입 가능성에 대해서는 다음 절에서 설명한다.

그런데 힉스 기구는 힉스 입자의 존재를 예언하는 것인데 유감스럽게도 그 질량을 예측할 수 없다. 왜냐하면 힉스 입자의 질량은 퍼텐셜(〈그림 6-7〉의 (b))의 형태에 의존하지만 그 형태를 이론적으로 예측할 수 없기 때문이다. 이러한 것은 힉스의 질량이 어떠한 값도 취할 수 있다는 것을 의미한다. 이것은 실험가를 애먹이는 것이다!

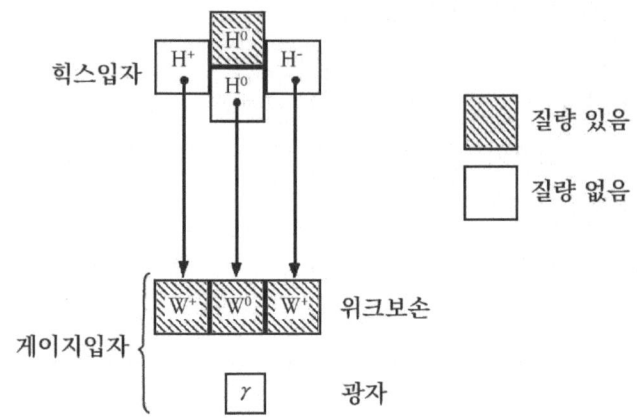

〈그림 6-9〉 게이지 대칭성이 성립하고 있을 때 게이지 입자(W^-, Z^0, W^-, γ)는 질량 제로였다. 대칭성이 깨짐에 의해서 W^-, Z^0, W^-는 힉스 입자를 먹고 질량을 획득하였다. 남겨진 네 번째 힉스 입자(빗금으로 보여주는 H^0)는 그대로 질량이 있는 입자로서 관측이 기대되고 있다

만일 이론으로부터 질량을 예상할 수 있으면 가속기의 에너지는 그 질량에 걸맞은 것으로 하면 된다. 하지만 그렇지 않을 때는 가속기의 규모에 대한 기준을 잡을 수 없어 곤란하다.

미지의 입자를 겨냥해서 가속기를 건설하여 멋지게 그것을 발견한 예가 있다. 1954년 반양성자의 발견을 목표로 하여 캘리포니아대학에 베바트론이라 부르는 양성자 가속기를 완성시켰다.

반양성자($\bar{p}$)는 반응 과정

"p" + p → p + p + p + $\bar{p}$

에 의해서 생성된다. 여기서 "p"는 가속기에서 만들어지는 고

에너지의 양성자를 나타내고 표적인 양성자와 구별하기 위해 "¯"를 붙였다. 이 반응에서는 종료 상태에서 양성자와 반양성자가 새롭게 만들어지므로 그 질량이 입사양성자 "p"의 에너지에 의해서 보급되어야 한다. 결국 위의 반응이 진행하기 위해서는 입사양성자 "p"의 에너지는 일정 값 이상이어야 한다.

이러한 반응이 일어나기 위한 최저의 운동 에너지—이것을 문지방값*이라 한다—는 양성자-반양성자의 질량 938(MeV/c²)을 알고 있으므로 계산할 수 있다. 계산 값 5.6GeV에 대해서 베바트론의 에너지는 6.2GeV로 설정되었다. 예상은 적중하였다. 반양성자가 발견되어 1959년 E. 세그레와 O. 체임벌린은 노벨상을 받았다.

표준모형의 가장 중요한 기둥인 '힉스 기구'를 검증하기 위해서는 어떤 일이 있어도 힉스 입자를 포착해야 한다. 하지만 반양성자의 경우와는 달리 힉스 입자의 질량을 모르고 있어 충돌하는 양성자의 에너지에 대해서 정확한 예측이 서지 않는다. 그래서 어느 정도 규모의 가속기를 건설하면 되는지 그 선택에 골치를 썩고 있다.

현대의 대형 가속기는 초고가(超高價)의 물건이다. 완성한 뒤에 "아뿔싸. 에너지 부족으로 힉스가 발견되지 않는다. 조금 더

---

* 중심(무게중심)계(2개 양성자가 서로 같은 운동량으로 정면충돌하는 계)에서 생각하면, 이 반응이 일어나는 최저의 에너지(문지방값)는 양성자, 반양성자 4개가 정지하여 만들어졌을 때이다. 전체 에너지의 제곱은 4개 양성자(반양성자)의 질량 합의 제곱이 된다. 그래서 전체 에너지의 제곱을 실험실계(입사 입자가 멈춰 있는 표적 입자에 부딪치는 계)로 변환한다. 양성자의 질량을 m, 운동 에너지를 T라 하면 전체 에너지의 제곱은 $2mc^2(2mc^2+T)$가 되고, 이것을 $16m^2c^4$과 같다고 두어 문지방값이 얻어진다.

큰 가속기를 만들어 두었으면……" 해 보았자 사후 약방문이다. 될 수 있는 대로 큰 것을 만든다는 입장도 있지만, 그것은 주머니 사정(재정 상태)과 관계가 된다. 이러한 상황 속에서 LHC의 전체 에너지는 16TeV, SSC의 전체 에너지는 40TeV로 결정되어 있었던 것이지만…….

힉스 입자가 없었다면

힉스 입자의 질량은 제법 클 것이라고 예상된다. 질량이 작으면 이제까지의 에너지 영역에서 이미 발견되었을 것이기 때문이다. 그래서 발상을 180도 전환시켜 "만일 힉스 입자가 없었다면 무엇이 일어나는가?"라고 질문을 해 보자.

SSC와 같은 고에너지가 되면 위크 보손(W)이 대량으로 생산된다.

그래서 W끼리의 산란 반응 실험

$$W + W \to W + W$$

가 가능해진다. 계산에 따르면 이 반응의 확률은 에너지와 함께 어디까지라도 증가해 간다. 그런데 〈확률의 보존〉이라는 물리학의 기본 원칙을 보증하기 위해서 반응확률은 무한히 커지는 것이 아니고 어딘가에 한계─이것을 유니터리티 한계라 한다─가 있어야 한다. 확률의 보존은 우리가 사는 세계에서 원인과 결과의 관계(인과관계)를 보증하기 위한 대전제이므로 이것을 깨는 일은 절대로 있어서는 안 된다. 가령 그러한 일이 있으면 현대과학의 모든 이론은 근거를 잃어버린다!

이론 계산을 해 보면 반응확률이 에너지와 함께 증가해서 유

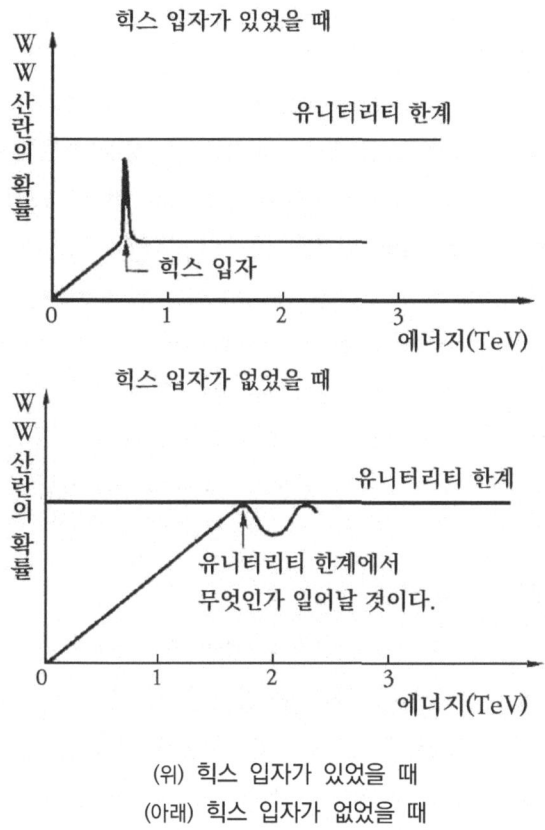

(위) 힉스 입자가 있었을 때
(아래) 힉스 입자가 없었을 때
〈그림 6-10〉 유니터리티 한계

니터리티 한계에 부딪쳤을 때의 에너지는 약 2TeV라는 것을 추정할 수 있다. 만일 2TeV 이하로 힉스 입자가 존재한다면 그 생성확률이 정확히 WW 반응확률과 상쇄되어 그 증가를 막을 수 있다. 결국 표준모형이 올바르면 힉스 입자는 반드시 2TeV 이하가 되어야 한다. LHC와 SSC에 대해서 그 에너지, 충돌하는 양성자의 강도, 측정기의 정밀도 등은 이러한 힉스 입자를 발견할 수 있도록 설정되어 있었다.

하지만 자연은 항상 우리 편이라고 할 수 없다. 만일 2TeV 이하로 힉스 입자가 발견되지 않았다면……. 그때는 거듭 사태가 심각해진다. 아무튼 유니터리티 한계를 깨는 것만은 피해야 한다. 그를 위해서는 TeV 영역에 전혀 예상하지 않은 새로운 현상이 나타나 반응확률을 유니터리티 한계 이하로 억제하기 위한 어떤 메커니즘이 작용할 것이다(이론이 예상대로 되는 것보다도 힉스 입자가 발견되지 않았을 때가 재미있어 질 것 같다!). 그리고 그때에는 질량의 기원에 대한 힉스 기구는 다시 한 번 부득이 재검토될 것이다. 결국 LHC 등 이제부터의 대형 가속기 실험은 현대물리학에 커다란 충격을 주게 될 것이다.

편입(재규격화) 이론

힉스 입자의 발견이 표준모형의 검증에 있어서 중요한 조건이 됨을 알았다. 이것은 LHC에 맡기자. 표준모형이 충족해야 할 또 하나의 조건—그것은 이론이 예언 능력을 갖는지 아닌지이다. 이렇게 말하면 "과학의 이론이 예언 능력을 갖지 않다니, 그러한 어리석은 일이 있는가?"라고 반발하는 사람이 있을지도 모른다. 예컨대 뉴턴의 운동방정식은 지상의 물체의 운동을 바르게 예언한다. 그렇지 않으면 뉴턴의 운동방정식은 아무도 거들떠보지 않을 것이다.

하지만 양자역학의 세계에서는 사정이 다르다. 이론은 항상 〈발산(發散: 수열의 극한에서 양 또는 음의 무한대가 되거나 진동하는 일)〉이라는 이름의 공포에 노출되어 있기 때문이다. 이론이 발산해 버리면 이미 그 이론은 구실을 하지 못한다. 이러한 것에 대한 구체적인 예를 양자전기역학에서 조사해 보자.

앞에서도 언급한 것처럼 전자기력의 세기는 전하의 크기에 따라 결정된다. 그래서 진공 중에 전자를 1개 놓고 그 전하를 결정하는 것을 생각해 본다. 그런데 전자는 광자의 옷을 걸치고 있으므로 전자의 주위에서는 짧은 시간, 광자로부터 전자와 양전자쌍이 생성되고 또 소멸해서 광자가 되는 반응이 반복되고 있다. 이 과정에서 생성하는 전자-양전자는 매우 짧은 시간에 소멸하므로 이들을 '가상 입자'라 불러 안정하게 존재하는 '실(實)입자'와는 구별한다.

가상 입자는 에너지 보존 법칙을 충족할 필요가 없으므로* 얼마든지 많은 입자쌍이 생성될 수 있다. 이때 양전하를 갖는 가상 양전자는 중심에 있는 전자에 끌어당겨지고 음전하를 갖는 가상 전자는 전자로부터 반발된다. 결국 전자 주위의 진공에서 가상적인 전자와 양전자의 분포에 어긋남이 생겨 진공이 뒤틀리게 된다. 이것을 '진공분극(分極)'이라 부른다.

진공분극이 없으면 음전하는 알몸의 전자의 장소에 집중하고 있을 것이다. 그런데 진공분극은 가상 양전자를 전자 가까이에 모으므로 원래의 음전하는 그 몫만큼 지워져 약해진다. 한편 반발된 가상 전자에 의해 중심에서 떨어진 장소에서는 음전하가 퍼진다. 우리가 관측하는 것은 이러한 진공분극의 영향을 받은 다음 퍼진 전하이다. 이것을 '유효전하'라 부르기로 하자.

---

* 광자에서 전자-양전자쌍이 발생하기 위해서 광자의 에너지는 전자-양전자의 정지질량의 합 1.02MeV보다 커야 한다.

 그러나 매우 짧은 시간이라면 '불확정성 원리'로부터 에너지 보존 법칙이 깨져도 되고, 따라서 저에너지의 광자로부터 다수의 전자-양전자쌍이 생성될 수 있다.

그런데 가상 입자 생성 과정
은 에너지 보존 법칙을 충족하
지 않으므로 무한히 많은 가상
전자-양전자쌍이 발생할 수 있
다. 그래서 양자역학으로 진공
분극에 의해서 전하가 감소하
는 비율을 계산해 보면 그 효
과는 무한대가 된다. 이 무한
대를 잘 처리하지 않는 한 이
론은 발산하여 예언 능력을 가
질 수 없다.

〈그림 6-11〉 진공의 분극

그래서 도모나가 신이치로(朝永振一郞) 등은 다음과 같은 교묘한 해결책을 발견하였다. "어차피 알몸의 전하 등은 관측에 걸리지 않는 것이기 때문에, 그것이 무한대의 값을 갖는다 해도 상관없을 것이다. 그렇게 하면 진공분극으로부터 나오는 무한대라는 무의미한 양을 없애기 위한 이치를 맞출 수 있을 것이다." 실제 이러한 사고에 바탕을 두어 계산해 보면 유한의 전하를 유도할 수 있었다. 그것은 실험에서 얻어진 유효전하와도 일치하였다. 이 방법은 다수의 가상적인 광자 및 전자-양전자쌍이 전개하는 생성-소멸의 복잡한 과정을 유효전하로서 편입시켜 버리자는 교묘한 방법이고 '편입 이론(일명 재규격화 이론)'이라 불린다.

편입 이론은 발산량으로부터 유한 확정의 결과를 끄집어낸다는 가짜 요술의 방법으로 양자전기역학의 예언 가능성을 보증하는 것이 되었다. 이 방법이 전자기 상호작용의 계산에 대해서 어떻게 신뢰할 수 있는 처방이 되었는가는 전자의 이상자기 모멘트에 대한 이론값과 실험값이 경이적으로 일치하는 것을 보면 바로 알 수 있다.

이론값: 0.001159652460

실험값: 0.001159652200

그런데 전자기 상호작용으로 성공을 거둔 편입 이론이 약한 상호작용에 대해서도 성립하는지는 반드시 자명한 것은 아니었다. 광자 하나만을 교환하는 전자기 상호작용과 3개의 위크 보손을 교환하는 약한 상호작용에서는 이론의 내용에 본질적인 차이가 있다. 1967년 S. 와인버그가(조금 늦게 살람이) 2개의 상호작용의 통일 이론을 제안했을 때 힉스 기구를 포함하는 이 이론이 편입 가능한지 어떤지는 아직 확실하지는 않았다.

그러나 1971년 G. 엇호프트는 이 모델이 편입 가능하다는 것을 증명했다. 반갑다, 반갑다! 표준모형은 예언 능력을 갖춘 이론이라는 것을 안 것이다. 남은 최대의 과제는 힉스 입자의 존재를 직접 실험으로 확인하는 일이다.

7장
우주와 질량

스케일의 계단

질량은 우주 창조의 시점에서 신이 준 것은 아니다. 국소 게이지 대칭성의 자발적인 깨짐(힉스 기구)에 의해서 탄생된 것이다—현대의 물리학은 질량의 기원을 이렇게 설명한다. 이제까지는 오로지 게이지 입자의 질량에 대해서 논의해 왔지만 물질의 소재인 쿼크, 렙톤도 마찬가지 메커니즘으로 질량을 획득했다고 생각된다. 결국 우주에 존재하는 온갖 물질의 질량을 생성하는 열쇠는 힉스 기구에 있다는 것이 된다. 이 주장이 옳은지 아닌지는 어차피 힉스 입자의 관측에 의해서 결말이 날 것이다.

우선 처음에 게이지 대칭성이 성립하고 있는 세계가 있다. 거기서는 쿼크와 렙톤, 게이지 입자도 질량 제로다. 다음으로 대칭성의 자발적인 깨짐에 의해서 이들 입자가 질량을 획득하는—질량을 만들어내는 이 교묘한 메커니즘은 단순히 이론상의 추상적인 논의에 지나지 않는 것일까. 그렇지 않으면 우주의 어딘가에서 일찍이 이러한 질량 생성의 드라마가 연출된 것일까. 이러한 것을 검토하기 위해 먼저 우주가 어떻게 해서 탄생되어 오늘날의 모습까지 진화해 왔는가에 대해서 살펴보기로 하자.

우리가 사는 지구는 태양계를 구성하는 8개 대행성*의 하나

---

* 태양에 가까운 것으로부터 수성, 금성, 지구, 화성, 목성, 토성, 천왕성, 해왕성의 8개의 대행성이 있지만 이 밖에 화성과 목성 사이에 수천 개의 소천체인 소행성이 있다. 그중 가장 큰 케레스의 지름은 770킬로미터로 16등급의 어두운 것까지 포함하면 4,000개로 추정된다. 소행성의 형태는 구형의 것이 적고, 지구상의 암석처럼 불규칙한 형태이고, 표면도 상당히 울퉁불퉁하다.

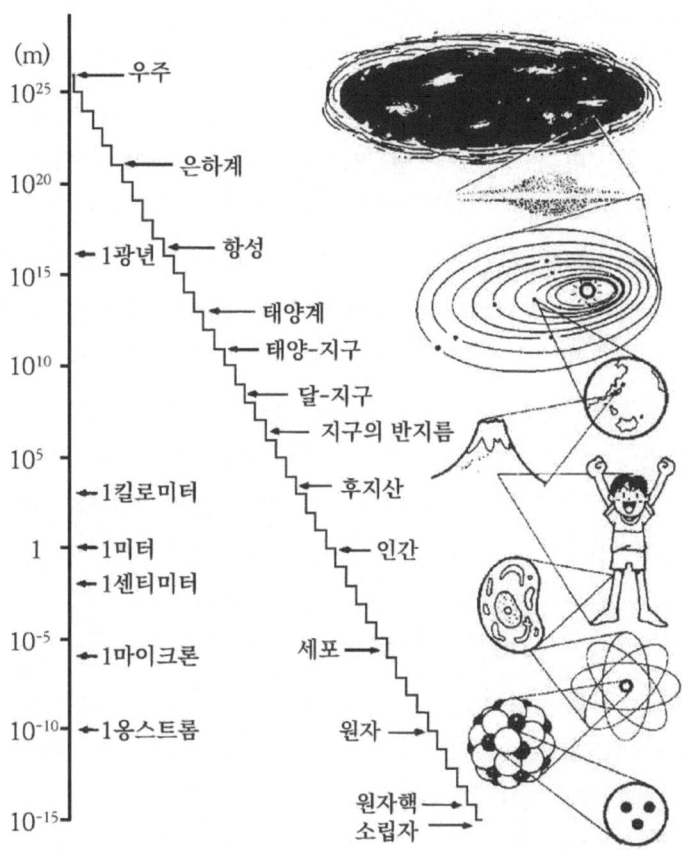

〈그림 7-1〉 우주-물질의 계층구조와 스케일 계단

이다. 태양처럼 스스로 에너지를 생산하고 그것에 의해서 빛나는 별을 '항성'이라 부른다. 항성이 다수 집합한 것이 '은하계'다. 우리 은하계는 약 2000억 개의 항성으로 구성되고 10만 광년이라는 넓이를 갖는다. 1광년이란 빛으로 달려서 1년의 거리, 즉 약 10조(10^{13}) 킬로미터에 상당한다. 우주 전체에서는 이러한 은하계가 1조 개 정도 있다고 일컬어진다. 막대한 수의 별들을 둘러싼 우주는 150억 광년이라는 넓이를 갖는다.

여기서 우주의 구조를 실감하기 위해 우주를 1000억 분의 1로 축소한 〈미니 우주〉를 생각하기로 하자. 그러면 태양은 1.4센티미터(cm)의 작은 공이, 지구는 0.1밀리미터(mm)의 먼지 정도의 미소한 것이 돼버린다. 그 지구의 궤도반지름이 1미터(m), 가장 바깥쪽 명왕성의 평균 궤도반지름─그것은 태양계의 크기가 된다─은 40미터가 된다(〈그림 7-1〉 참조). 우리 태양에 가장 가까운 항성인 켄타우루스자리의 프록시마는 태양으로부터 4.3광년 떨어진 곳에 있지만 〈미니 우주〉에서는 400킬로미터 앞이 된다. 그리고 은하계의 넓이가 1000만 킬로미터이다. 우주는 아찔해질 정도로 광대하여 그것에 비해서 우리 지구가 하잘것없을 정도로 작은 존재라는 것을 알 수 있을 것이다.

우주-자연의 넓이를 스케일의 계단에 의해서 나타내 보자. 인간의 크기를 1미터라 하고 10미터, 100미터, 1,000미터……와 같이 10배마다 스케일의 계단을 1단씩 올라가서 커다란 세계로 나아간다. 반대로 계단을 1단씩 내려올 때마다 스케일은 10분의 1씩 작아진다. 계단의 최상부에 있는 우주의 넓이는 약 10^{26}미터이다. 최하단에는 관측 가능한 최소의 대상으로서 양성자, 중성자 등의 소립자의 세계(10^{-15}미터)가 대응하고 있다. 이리하여 물리학은 바야흐로 40자리나 되는 넓이를 갖는 세계를 연구의 대상으로 하고 있다.

팽창하는 우주

우주는 언제 어떻게 해서 만들어진 것일까? 오늘날 보는 것 같은 다양한 우주의 모습은 처음부터 있었던 것일까.

1929년 우주의 진화를 이야기함에 있어서 결정적으로 중요한 발견이 미국의 천문학자 E. P. 허블에 의해서 이루어졌다. 그는 윌슨천문대 252센티미터 망원경을 사용해서 우리 은하계 밖에 있는 은하계인 '은하계 외성운(外星雲)'을 관측하고 있었다. 그래서 은하계 외성운에서 발하는 빛의 스펙트럼선과 그 성운(星雲)까지의 거리를 계통적으로(일정한 체계에 따라) 조사해 보았더니 다음과 같은 흥미로운 결과가 얻어졌다. 즉 멀리 있는 성운일수록 거기서부터 발하는 빛의 스펙트럼이 파장이 긴 쪽으로 벗어나 있음을 알았다.

소리나 빛에는 '도플러 효과'라 부르는 현상이 있다. 예컨대 자동차의 스피커에서 흘러나오는 음악은 자동차가 접근할 때는 높아지고 반대로 멀어질 때는 낮아진다. 소리가 낮아진다는 것은 음파의 파장이 길어지는 것을 의미한다. 파장이 길어지는 정도는 음원(音源: 소리가 나오는 근원)의 속도가 빠를수록 크다. 이러한 현상은 빛에 대해서도 관측되어 있고 빛의 도플러 효과로서 알려져 있다.

그래서 성운의 스펙트럼선의 벗어남을 도플러 효과의 결과로 해석하면 파장이 긴 쪽으로 벗어나는 것은 은하가 우리들로부터 멀어져 있다는 것, 게다가 멀리 있는 은하일수록 빠른 속도로 후퇴하고 있다는 유명한 '허블의 법칙'을 끄집어낼 수 있다. 가시광선의 파장은 붉은빛에서 길고 푸른빛에서 짧다.* 파장이 긴 쪽으로 벗어난다는 것은, 가시광선으로 말하면 붉은빛 쪽으

---

* 눈이 느끼는 빨강색의 파장은 대략 800나노미터(nm), 보라는 400나노미터이다. 나노미터는 10억 분의 $1(10^{-9})$미터에 상당한다.

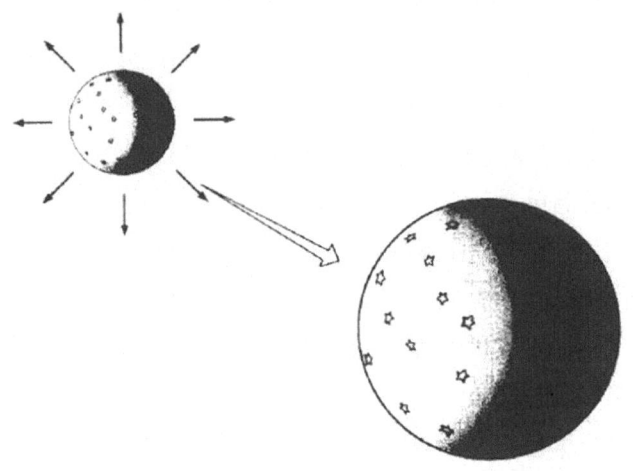

〈그림 7-2〉 팽창하는 풍선 위에 있는 은하는 서로 떨어져 간다

로 벗어남을 의미한다. 이러한 것에서 성운의 스펙트럼선의 벗어남을 '적색이동'이라 부르고 있다.

우주(공간)가 어디나 한결같이 팽창하고 있다는 것을 다음과 같은 예에서 보자. 이야기를 간단히 하기 위해 3차원 공간 대신에 2차원의 면을 생각한다. 먼저 풍선 위에 100원짜리 동전을 몇 개 붙인다. 풍선이 우주에, 동전이 은하계에 상당한다. 그래서 풍선을 한결같이 팽창시키면 동전 사이의 거리가 멀어져 간다. 게다가 풍선이 커지면 커질수록 빠른 스피드로 벌어진다. 여기서 주목해야 할 것은 어떤 동전에서 보아도 다른 동전이 멀어져 간다는 점이다. 이것은 우리의 은하계가 우주의 중심이 아니고 모든 은하계가 완전히 대등하다는 것을 의미한다. 우주는 한결같이 등방적(等方的: 모든 방향에 똑같은)이라는 것, 바꿔 말하면 우주에는 어디에도 특별한 장소가 있을 수 없다는 것이 현대우주론의 기초이다.

우주공간이 시간과 함께 팽창하고 있다면 시간을 거꾸로 더듬어 가면 언젠가 공간은 한 점으로 집중해 버릴 것이다. 이것이야말로 바로 우주의 개벽(開闢: 처음으로 생겨 열림)이다. 우주는 1점에서 대폭발(빅뱅)하여 오늘날의 우주까지 진화 발전하여 온 것이다. 팽창 속도로부터 역산해 보면 우주는 지금으로부터 150억 년 전에 탄생하였다는 것이다.

도대체 이 광대한 우주가 크기가 없는 한 점으로 집중한다 함은 무엇을 의미하는 것일까. 수천억 개의 1조 배나 되는 막대한 수의 별들—그것은 또 우주에는 상상을 초월할 만큼 대량의 물질(질량)이 있다는 것을 의미하고 있다. 그 질량이 한 점으로 응축하는 일이 있을까. 힉스 기구라는 진공의 상전이(相轉移)는 언제, 어떻게 해서 일어난 것인가…….

여러 가지 의문이 단숨에 분출한다. 이들 의문에 답하기 전에 팽창우주에 관계되는 실험에 대해서 조금 더 언급해 두자.

우주배경복사

1965년 벨연구소의 A. A. 펜지어스와 R. W. 윌슨은 빅뱅과 그에 이어지는 팽창우주라는 사고를 지지하는 유력한 실험사실 '우주의 배경복사'를 발견하였다. 이것은 우주를 채우는 저에너지의 광자(전자기파)를 말하는 것으로 그 에너지를 열에너지로 환산하면 절대온도 2.7도(2.7K)가 된다. 이것이 오늘날 일컬어지는 우주의 온도이다. 물론 우주에는 지구라든가 태양 등과 같이 더 온도가 높은 장소도 있다. 하지만 지구나 태양은 우주의 크기에 비하면 하찮은 존재이다. 앞에서도 언급한 것처럼 태양 등 몇백 킬로미터나 떨어진 공간에 점재(点在: 여기저기 흩어져 있음)하는 1센티미터의 작은 공에 불과하다.

우주의 온도는 우주를 한결같이 채우는 광자의 에너지에 의해서 결정된다. 2.7K의 광자의 파장*은 1밀리미터 정도이다. 이 빛의 잔물결은 우주의 온갖 방향으로부터 한결같이 우리를 향해서 다가온다. 이러한 것으로부터도 우주가 매우 등방적이라는 것을 알 수 있다.** 이 광자는 우주의 개벽으로부터 30만 년이 지난 무렵―그것은 지금으로부터 거의 150억 년 전이다―에 발생하였다고 일컬어지고 있다. 그때의 광자는 지금보다도 수천 배나 높은 온도를 갖고 있었지만 우주의 팽창과 함께 적색이동에 의해서 현재의 온도까지 내려갔다고 생각할 수 있다.

그런데 질량의 기원을 탐색하기 위해 뜨거운 작은 불덩어리라고도 해야 할 초기 우주를 상세히 조사하기로 하자. 작은 초기 우주의 온도는 지금보다도 높다고 생각할 수 있다. 우주를 채우는 에너지의 총량이 일정하다면 공간이 작을수록 에너지의 밀도는 커지고 그 결과 온도는 높아질 것이다.

온도와 함께 물질의 상태가 어떻게 바뀌는가에 대해서 주변의 예를 보자. 물(H_2O)은 섭씨 0도 이하에서는 얼음이지만 온도가 상승함에 따라 액체가 되고, 섭씨 100도 이상에서는 수증

---

* 광자(전자기파)의 진동수를 ν, 플랑크상수를 h라 하면 광자의 에너지는 $h \times \nu$로 표현된다. 또 c를 빛의 속도라 하면 진동수와 파장 λ 사이에는 $c = \lambda \times \nu$의 관계가 있다. 이러한 관계식을 사용하면 에너지로부터 파장을 계산할 수 있다.
** 미국의 우주배경복사 탐사위성 COBE가 최근 10만 분의 1의 공간적 흔들림을 발견하여 화제가 되고 있다. 이것은 150억 년 전 옛날에 현재의 우주 구조의 씨가 만들어 넣어져 있었음을 시사하고, 빅뱅우주론을 강하게 지지하는 것이다.

기가 된다. 결국 물의 분자구조인 H_2O는 바뀌지 않지만 온도의 상승과 함께 고체, 액체, 기체처럼 그 모습을 바꾼다. 이것을 '상전이'라 부른다. 얼음은 6각형의 예쁜 결정구조를 갖지만 수증기가 되면 H_2O 원자는 뿔뿔이 흩어져 랜덤한(무작위한) 운동을 한다(〈그림 7-3〉 참조). 그 운동에는 특별한 방향이 없으므로 수증기는 대칭성이 높은 세계라 할 수 있다. 액체인 물은 얼음과 수증기의 중간적인 구조를 취한다.

물의 예와 마찬가지 현상이 우주 초기에도 일어났다고 생각할 수 있다. 즉 고온의 초기 우주에서는 분자나 원자, 나아가서는 원자핵도 파괴되어 소립자가 뿔뿔이 날아다니고 있었던 것이다. 결국 온도가 높아지면 높아질수록 물질의 안 깊숙이 속박되어 있던 보다 미소한 요소가 튀어나온다.

우주는 개벽의 시점에 접근함에 따라 뜨거워지는 것이므로 그것은 또 물질의 궁극적인 세계에 끝없이 접근하는 것이기도 하다. 결국 개벽 시의 우주에서는 쿼크, 렙톤 등을 포함하는 대칭성이 높은 세계가 실현되어 있었다고 생각할 수 있다. 그리고 그러한 극미의 세계는 이제까지 논의해 온 소립자 이론의 지식에 의해서 이해될 수 있을 것이다.

물의 상전이에서 또 하나 주목해야 할 것이 있다. 수증기가 식어서 얼음이 되어, 그때까지 없었던 결정구조가 나타난 것은 새로운 힘의 출현에 원인이 있다. 이 힘은 '수소결합을 일으키는 힘'으로 알려져 있고, 물 분자에 포함되는 수소 원자가 그 밖의 원자에 접근해서 안정된 계를 만듦으로써 발생한다. 이러한 힘이 효과를 나타내려면 그것에 적합한 낮은 온도가 필요하다. 만일 온도가 높으면 물 분자는 격렬한 열운동에 의해서 뿔

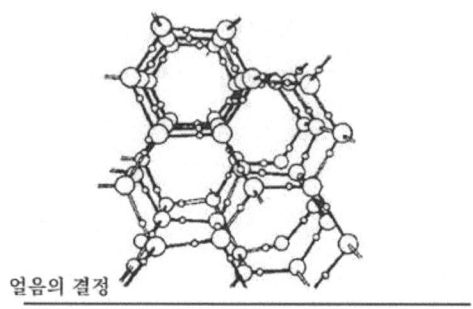
얼음의 결정

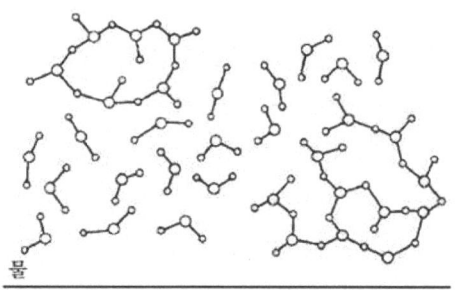
물

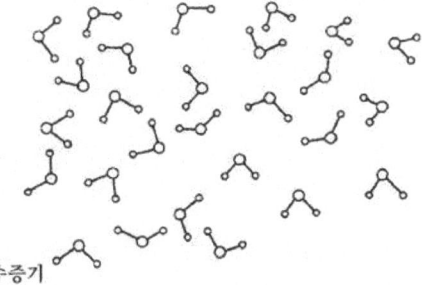
수증기

〈그림 7-3〉 얼음(위), 물(가운데), 수증기(아래)의 구조. 얼음의 결정으로서 규칙성 있게 배열돼 있는 물 분자도 고온이 되면 뿔뿔이 흩어져 운동하게 된다

뿔이 흩어져 안정된 결합 상태를 취할 수 없기 때문이다.

우주의 크기

물의 상전이의 성질을 참고로 하면서 우주 초기의 상황을 살펴보자.

우주 개벽으로부터 10^{-11}초 지났을 때 우주의 크기는 10^7킬로미터, 온도는 10^{15}K였다—라고 마치 보고 온 것처럼 데이터를 늘어놓았다. 10^{-11}초라면 1000억 분의 1초이고 우주 개벽 직후의 일이다. "그러한 아득히 먼 옛날 우주 탄생 무렵의 일을 정말 아는가?"라고 의심하는 사람도 많을지 모른다. 확실히 과학적인 실험에 의해서 150억 년 전의 일을 직접 알 수 있는 것은 아니다. 그것은 빅뱅우주론과 소립자물리학의 식견을 바탕으로 만들어진 시나리오다. 그러면 그 시나리오는 어떠한 논리 과정을 거쳐서 구성된 것일까. 우주물리학의 상세한 논의에는 들어가지 않고 그 개요를 설명하자.

현재 우주의 크기는 "은하의 후퇴 속도가 은하까지의 거리에 비례한다"는 허블의 법칙으로부터 추정할 수 있다. 이 법칙은 은하의 후퇴 속도를 v, 은하까지의 거리를 r이라 하면

$$v = Hr$$

로 표현된다. 여기서 H는 허블 상수라 불리는 것으로 v와 r을 여러 가지 은하에 대해서 측정하면 결정할 수 있는 양이다.

그런데 가장 빠른 속도로 달릴 수 있는 것은 빛이므로 팽창하는 우주의 최첨단—그것은 우주의 크기에 상당한다—에는 빛이 있다는 것이 된다. 따라서 위의 식에 광속과 우주의 크기를 대

입해서

[광속] = H × [우주의 크기]

가 성립한다. 이것으로부터

[우주의 크기] = [광속] / H

가 얻어지지만 H는 실험으로 결정되어 있는 양이므로 위의 식으로부터 우주의 크기를 계산할 수 있다. 이리하여 우선 우주의 크기가 150억 광년으로 결정된다.

150억 광년이란 빛이 150억 년 걸려서 달린 거리이므로 우주의 연령은 150억 년이 된다. 우주의 대폭발로 한 점에서 발생한 빛이 달리는 거리를 계산하면 원리적으로 우주의 연령과 우주의 크기의 관계를 구할 수 있다. 그래서 현재 우주의 크기(150억 광년)와 온도(배경복사의 온도 2.7K)를 사용해서 일반적으로 우주의 연령과 온도의 관계를 결정할 수 있다.

그런데 처음에 언급한 10^{15}K라는 온도는 정확히 에너지로 환산하면 100GeV*, 즉 위크 보손의 질량에 상당한다. 결국 이 온도는 위크 보손이 만들어지는 온도이다. 그래서 이제까지 언급한 방법에 따라서 이 온도에 상당하는 우주의 연령과 크기를 계산해 보면 처음에 보여준 값, 즉 10^{-11}초와 10^7킬로미터가 얻어진다.

빅뱅우주론은 〈우주 초기는 고온의 불덩어리다〉라고 주장한다. 거기서는 필연적으로 소립자의 세계가 실현되어 있으므로

---

* 온도(T)와 에너지(E)의 관계는 볼츠만 상수(k)를 사용해서 E~kT라 표현된다. 이 관계식으로부터 1eV는 약 1만 K에 상당하고 따라서 1GeV는 10^{13}K가 됨을 알 수 있다.

최신의 소립자 이론인 '게이지 이론'이 등장하여 활약하는 장이 제공되었다는 것이다. 결국 우주론과 소립자론의 멋진 도킹(Docking)에 의해서 '소립자론적 우주론'이 확립되고 초기 우주의 상세한 성질을 정량적으로 논의할 수 있게 되었다.

이러한 관점에 입각하면 오히려 개벽에 가까운 무렵의 우주쪽이 이론적으로 이해하기 쉽다는 것을 알 수 있다. 그것은 소립자의 세계이고 거기서는 소립자의 표준모형인 '게이지 이론'이 적용될 수 있기 때문이다.

상전이로부터 질량이

개벽 후 10^{-11}초라는 시간의 의미를 게이지 이론의 입장에서 생각해 보자. 이 시간은 우주가 정확히 위크 보손의 질량에 상당하는 온도가 되어 있던 때이다. 그것은 위크 보손이 힉스 기구에 의해서 질량을 획득하여 전기약력(Electroweak)으로부터 전자기 상호작용과 약한 상호작용이 분기(나뉘어서 갈라짐)한 때이기도 하다.

〈수증기가 식어서 얼음이 만들어진다〉라는 물의 상전이는 온도의 저하에 수반해 대칭성이 높은 상태에서 대칭성이 낮은 상태로 전이가 일어나고 있음을 의미한다. 수증기의 운동은 랜덤이고 공간적으로 특별한 방향을 갖지 않으므로 대칭성이 높다. 그것에 비해서 얼음의 결정은 결정축 주위의 60도 회전에 대해서는 대칭이지만 그 이외의 축을 잡으면 회전에 대해서 형태를 바꿔 버린다. 얼음의 결정에서는 결정축이 특별한 의미를 갖고 있고, 그 때문에 대칭성이 손상되어 있다. 온도의 저하에 따른 상전이는 또 바꿔 말하면 〈단순에서 복잡으로〉라는 변화라 볼

〈표 7-4〉 우주 개벽 10^{-11}초 후에 일어난 진공의 상전이의 전후 변화*

시간	이전	10^{-11}초 (상전이)	이후
온도(에너지)	높다		낮다
힘	전기약력 (원시의 전자기력 / 원시의 약한 힘)		전자기력 + 약한 힘
게이지 대칭성	성립하고 있다		자발적으로 깨져 있다
질량	제로		광자: 제로 위크 보손: 유한값

수도 있다.

이것과 마찬가지 상황이 우주 초기에도 존재하고 있었다. 우주는 개벽 후 10^{-11}초 이전에는 게이지 대칭성이 성립하는 대칭성이 높은 상태였다. 이미 본 것처럼 이때의 진공 에너지는 원점(原點)에서 최소로 되어 있다(〈그림 6-7〉의 ⒜ 참조). 거기서는 위크 보손이나 쿼크, 렙톤의 질량은 제로이고 전자기력과 약한 힘은 전기약력으로서 통일되어 있었다.

개벽 후 10^{-11}초가 지났을 때 우주를 채우는 진공에 극적인 변화가 생겼다. '진공의 상전이'가 일어난 것이다. 그때까지 성립하고 있던 게이지 대칭성이 자발적으로 깨졌기 때문에 진공은 대칭성이 낮은 상태로 전이한 것이다. 이 결과 에너지의 최솟값은 이미 원점이 아니고 원점에서 벗어난 장소에서 실현되었다. 우주에 힉스장이 발생하고 그것에 의해서 위크 보손이나 쿼크, 렙톤이 질량을 획득하고 전기약력은 전자기력과 약한 힘으로 분기했다. 이리하여 우주는 〈단순에서 복잡으로〉 변모를 수행하여 오늘날 우리가 보는 새로운 질서—질량, 전자기력, 약한 힘—가 나타난 것이다.

이 동안의 사정을 정리하면 〈표 7-4〉*와 같다.

통일 이론은 질량이 '힉스 기구'에 의해서 만들어지는 것을 순수하게 이론적인 고찰로부터 주장해 왔다. 그리고 이제야말로 빅뱅우주론 덕분에 '힉스 기구'가 우주 초기에서 실제로 존재하여 물질에 질량을 준다는 중요한 역할을 수행한 것을 알았다.

우리의 우주를 채우는 온갖 질량은 우주 창조와 동시에 신에 의해서 주어진 것이 아니었다. 개벽 후 아주 약간의 시간이 지났을 때 우주의 상전이에 의해서 생긴 것이다.

차폐와 반차폐

6장에서도 언급한 것처럼 자연계의 4개의 힘은 통일 이론, 대통일 이론, 초끈 이론 등에 의해서 통합되고 최종적으로는 가장 근원적인 하나의 힘으로 일원화되는 것이 예상된다. 이 궁극의 힘을 〈원시의 힘〉이라 부르자. 결국 우주 초기의 고온의 시대로 거슬러 올라가면 거기에는 가장 단순한 세계, 즉 4개의 힘이 원시의 힘으로서 일원화되어 있던 시대가 있었다는 것이 된다. 그러면 그 세계는 언제, 어떻게 해서 만들어진 것일까? 그때 우주의 온도는? 크기는?

이미 언급한 것처럼 전자나 양성자가 갖는 전하의 크기는 전

---

* 전기약력에 대해서는 게이지 대칭성이 성립하고 있으므로 게이지 보손의 질량은 모두 제로이다. 세 번째 상전이에 의해서 게이지 대칭성이 깨졌을 때 위크 보손은 질량을 획득하지만 광자의 질량은 제로이기 때문에 광자에 대해서는 게이지 대칭성이 성립하고 있다.

자기 상호작용의 세기를 나타낸다. 그런데 전하에는 광자가 결합하므로 전하의 주위에는 단시간에 방출-흡수되는 광자가 다수 존재하고 있다. 5장에서 "전하는 광자의 옷을 걸치고 있다"라 말한 것을 상기하기 바란다. '6-14. 편입(재규격화) 이론'에서도 언급한 것처럼 우리가 관측하는 전하는 알몸의 전하는 아니고 말하자면 빛의 옷을 입은 '유효전하'라고 불러야 하는 것이었다.

광자는 거듭 전자-양전자쌍으로 나뉠 수 있으므로 중심에 있는 알몸의 전하 주위에서는 플러스와 마이너스의 가상 전하가 끊임없이 생성-소멸을 반복하고 있다.

지금 가령 중심에 마이너스 전하―이것은 알몸의 전하이다―를 갖는 전자가 있었다 하자. 그러면 그 주위에 발생하고 있는 가상의 마이너스 전하(전자)는 중심으로부터 반발되고 반대로 가상의 플러스 전하(양전자)는 중심으로 끌어당겨져 진공분극이 일어난다. 〈그림 7-5〉는 이 상태를 보여주고 있다.

가상의 마이너스 전하는 중심에 있는 알몸의 전하로부터 반발되어 떨어지므로 보다 넓은 공간에 분포한다. 따라서 그 공간밀도는 작고 중심에 있는 알몸의 전하에 주는 영향은 작다. 이에 반해서 중심 가까이에 끌어당겨진 가상의 플러스 전하는 중심에 있는 마이너스 전하를 차폐하고 약화시켜 버린다.

지금 관측자가 가상의 플러스 전하(양전자) 속을 통과하면서 알몸의 전하에 접근해 가는 경우를 생각하자. 그러면 차폐 효과는 조금씩 약해지고 그에 수반해서 관측하는 전하는 커진다. 전하는 전자기 상호작용의 하량, 즉 다름 아닌 전자기 상호작용의 세기, 바로 그것이기 때문에 위의 논의는 〈전자기 상호작

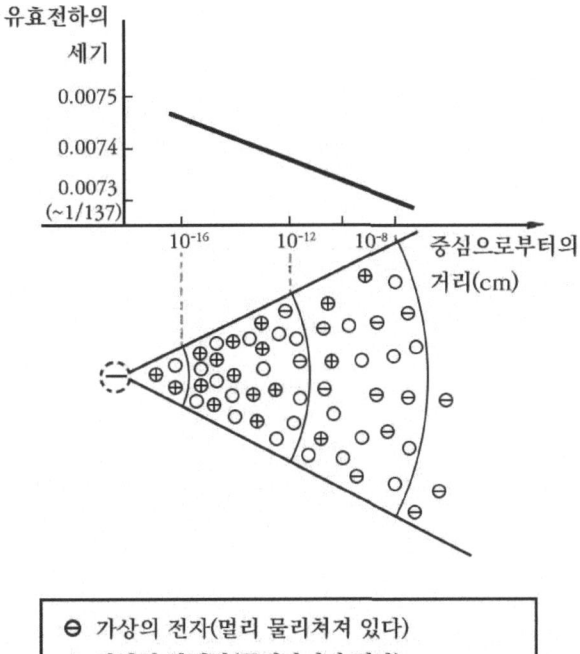

〈그림 7-5〉 전하의 차폐 효과. 가상적인 전자-양전자쌍의 구름 속. 전자기력은 중심에 가까워짐에 따라 강해진다

용이 거리가 짧아짐에 따라서 강해진다〉는 것을 보여주고 있다. 이제까지 우리는 전하의 크기―그것은 기본 전하 e로 표현된다―는 일정불변이라고 생각해 왔지만, 엄밀히 말하면 어디까지 전하에 접근하여 그것을 관측하는가에 따라서 전하의 크기는 변화하는 것이다.

여기서 밖으로부터 소립자를 박아 넣고 관측해야 할 대상―이 경우는 중심에 있는 알몸의 전하―에 접근한다는 러더퍼드류의

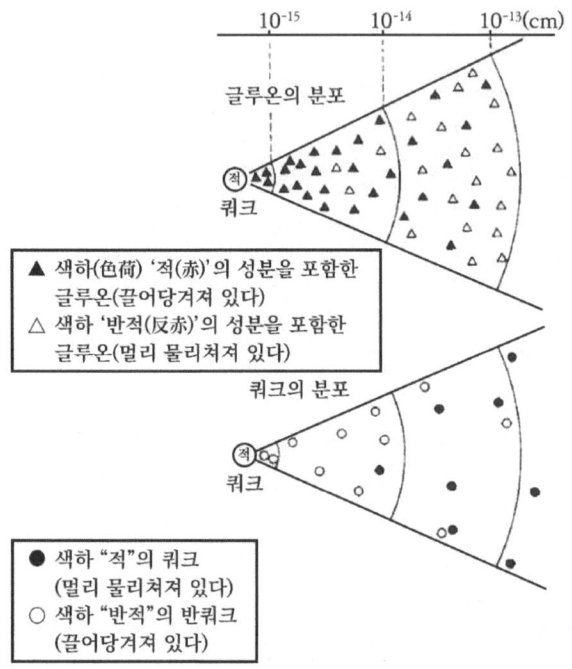

〈그림 7-6〉 컬러하의 반차폐 효과

상투 수단을 생각해 보자. 그러면 에너지가 커지면 커질수록 박아 넣어진 소립자는 관측하는 대상에 접근할 수 있을 것이다. 이러한 것으로부터 전자기 상호작용의 세기는 에너지와 함께 증가하는 것을 알 수 있다. 이 논의를 우주 초기에 적용하면 전자기 상호작용은 시간을 거슬러 올라가 우주 개벽에 접근함에 따라 강해진다고 생각할 수 있다.

전하에 대한 고찰을 강한 힘의 하량 '컬러하'에 대해서도 적용해 보자. 전자기력의 경우와 마찬가지로 먼저 특정의 컬러하를 갖는 쿼크를 상정하자. 그러면 강한 힘의 담당자인 글루온이 중심에 있는 쿼크에 대해서 생성과 소멸을 반복한다. 생성된 글루온은 거듭 쿼크-반쿼크쌍으로 나뉜다. 이리하여 쿼크 주위에는 쿼크, 반쿼크, 글루온이 달라붙는다. 여기까지의 사정은 전자기력의 경우와 유사하지만 강한 힘에는 전자기력에는 없는 큰 특징이 있다.

전자기력의 경우, 광자는 전하를 갖지 않으므로 (중심에 있는) 전하의 차폐에는 기여하지 않았지만 글루온은 컬러하를 가지므로 (중심에 있는 쿼크의) 컬러하의 차폐에 영향을 준다. 쿼크로부터 방출된 글루온은 쿼크가 갖고 있던 컬러하를 운반해 내므로 쿼크의 주위에는 그 쿼크와 같은 컬러하를 갖는 글루온이 다수 분포한다.

전하는 주위를 이종(다른 종류)의 전하에 의해 둘러싸여 있기 때문에 '차폐 효과'가 나타났다. 이에 반해서 컬러하의 주위에는 동종의 컬러하가 존재하기 때문에 '반차폐 효과'라고도 불러야 할 반대의 영향이 나타난다. 이 결과 컬러하의 크기는 중심에 있는 컬러하에 가까워질수록 작아지는 것이다. 바꿔 말하면 강한 상호작용은 에너지의 증가(거리의 감소)와 함께 약해진다.

소름 끼치는 이야기

전하의 차폐 효과를 다음과 같은 장면으로 예를 들어보자. 안개가 자욱이 낀 산속에서 길을 잃었을 때 멀리서 아련히 빛나는 것이 보인다. 가까이 가니까 그 밝은 빛은 차츰 강해져서 결국 그것이 산장의 램프 빛임을 알고 안심한다……

한편 반차폐 효과가 되면 조금 사정이 달라진다. 멀리서는 밝았던 램프 빛이 가까이 감에 따라 어두워져 가는 것이다. 현실에 이런 일이 있다면 소름이 끼치고 간담이 서늘해질 것이지만 쿼크-글루온의 세계에서는 그러한 일이 일어나고 있다! 강한 힘은 컬러하가 갖는 반차폐 효과라는 성질 때문에 거리가 짧아짐에—그것은 에너지가 높아지는 것이기도 하다—따라 약해지는 것이다.

그래서 마지막으로 또 하나의 힘인 '약한 힘'에 대해서도 마찬가지 고찰을 진행시켜 보자. 위크 보손은 약한 힘의 하량인 위크하를 가지므로 글루온의 경우와 마찬가지로 '반차폐 효과'를 보임을 알 수 있다. 하지만 그것은 강한 힘만큼 현저하지는 않다.

이리하여 3개의 힘에 대해서 그 세기가 거리(에너지)와 함께 어떻게 변화하는가를 알 수 있다. 〈그림 7-7〉은 게이지 이론(대통일 이론)에 따른 계산의 결과를 보여준다. 먼저 위크 보손의 질량에 대응하는 100GeV에서 전자기력과 약한 힘이 통일 이론의 틀 속에 통합되어 '원시의 전자기력'과 '원시의 약한 힘'으로 변신한다. 거듭 에너지를 높여가면 강한 힘과 약한 힘—이하에서는 '원시'를 생략하기로 한다—은 반차폐 효과에 의해서 약해지고 전자기력은 반대로 차폐 효과 때문에 강해진다. 놀랍게도 10^{15}GeV(1000조 GeV)에서 3개의 힘의 세기가 일치하는 것을 알았다!

3개의 힘의 세기가 같아진다*—이것은 3개의 힘이 문자 그

---

* 최근의 LEP(Large Electron Positron Collider)의 정밀 실험으로부터 얻어진 데이터를 사용하면 통상의 대통일 이론에서는 에너지를 높여갔을 때 3개의 힘의 크기에 어긋남이 생기는 것을 알 수 있다. 초대칭성을 채택한 대통일 이론에 의해서 이 곤란을 구원할 수 있는 것은 아닌가라는 지적이 있다(초대칭성에 대해서는 '8-2. 암흑물질을 찾아라' 참조).

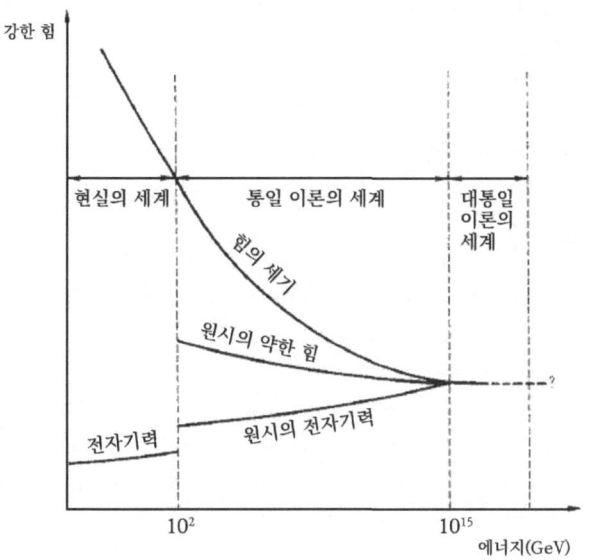

〈그림 7-7〉 게이지 이론(대통일 이론)에 따른 계산 결과

대로 일원화되는 것을 의미하고 있다. 이것이야말로 물리학자가 오랫동안 추구해 온 다름 아닌 '힘의 대통일', 바로 그것이다. 이 힘은 〈대통일 이론에 의해서 기술되는 힘〉이라는 의미에서 '대통일력'이라 부르기로 하자. 이것은 우주 개벽 10^{-36}초 이전의 사건이었다.

이미 가끔 언급하고 있는 것처럼 시간의 경과와 함께 에너지(온도)가 낮아지면 세계는 단순에서 복잡으로 이행한다. 반대로 우주 초기를 향해서 시간을 거슬러 올라가면 에너지가 높아지는 것이므로 세계는 복잡에서 단순으로 역행할 것이다. 초기 우주에서 3개의 힘이 일원화되어 있었다는 것은 바로 이러한 단순한 세계가 있었던 것을 의미한다. 에너지와 물질의 규칙성에 대한 이 일반적인 법칙은 물의 경우에도 우주의 경우에도 적용됨을 알 수 있다.

그런데 이러한 문맥에 따르면 가장 매력적인 최후의 목표는 중력을 포함하는 4개의 힘을 모두 통합하는 시도이다. 이 궁극의 이론—예컨대 '초끈 이론'—은 지금 세계에서 열정적으로 연구하고 있지만 아직 성공에는 이르지 못하고 있다. 우주 개벽과 동시에 '원시의 힘'이라고도 불러야 할 참으로 일원화된 힘이 발생했다. 초끈 이론에 따르면 그때 우주는 10차원의 초끈에 의해서 채워져 있었다 한다. 물질의 궁극적 요소와 그것에 작용하는 하나의 힘에 의해서 우주가 성립하고 있었다—이러한 원시 우주는 가장 단순한 세계라 할 수 있을 것이다.

변신하는 우주

시간을 거슬러 올라가면서 힘이 통일되어 가는 상태를 개관(전체를 대강 살펴봄)해 왔다. 여기서 이제까지의 논의를 정리하는 의미에서 시간의 흐름에 따라 진공의 상전이가 언제, 어떻게 발생하였는가, 그리고 상전이가 질량과 물질의 생성에 어떻게 관계하여 왔는가를 다시 한 번 간단하게 언급해 두자.

우주의 창조와 동시에 원시의 힘이 나타나 우주를 지배했다. 그러한 상태가 계속된 것은 플랑크 시간(10^{-44}초)까지의 순간이었다. 이 극히 짧은 시간 동안 우주는 도대체 어떠한 상태였는가. 오늘날 천체나 물체의 운동을 지배하고 있는 중력은 매크로 세계의 중력이다. 하지만 플랑크 시간 이전의 초마이크로 세계에서 중력은 양자화(量子化)되어 있었을 것이고, 오늘날 우리가 체험하고 있는 것 같은 시간과 공간의 개념은 전혀 통용되지 않았다고 생각된다. 예컨대 시간이 미래에서 과거를 향해서 역행하고 있었다는 등 이상한 일이 일어나고 있었는지도 모른다. 아무튼 이 시대의 해명에는 4개의 힘을 통일적으로 기술할 수 있는 궁극 이론의 완성을 기다릴 수밖에 없다…….

개벽 후 10^{-44}초 지났을 때 첫 번째 진공의 상전이가 일어났다. 이때 우주의 크기가 10^{-33}센티미터(cm), 온도는 10^{32}K이다. 이 온도는 〈1조 도의 1조 배의, 또 1억 배〉라는 아찔할 정도의 높은 온도이다. 그러한 초고온의 세계가 〈1조 분의 1센티미터의, 1조 분의 1의, 또 10억 분의 1〉이라는 초미소한 공간에 갇혀 있었던 것이다. 이것은 상상을 초월하는 세계다! 그러나 우리의 상식으로는 도저히 헤아릴 수 없는 이 초고온-초마이크로의 세계가 바야흐로 현대물리학에 의해서 밝혀지려 하고 있다.

첫 번째 상전이에서 원시의 힘으로부터 중력이 분리되어 대통일 이론의 세계가 나타났다. 결국 중력의 발생은 우주 개벽 후 순식간의 사건이었다. 우주의 역사 속에서 가장 처음으로 탄생한 중력. 지구상 물체의 운동, 태양이나 달 등의 천체의 운동, 그리고 또 우리들의 생활과 끊으려야 끊을 수 없는 깊은 관계에 있는 시간과 공간—중력은 우주 개벽 이래 150억 년에 걸쳐 이들 현상을 계속 지배하여 온 것이다*.

첫 번째 상전이에서 두 번째 상전이(개벽 후 10^{-36}초)까지의 사이는 대통일 이론에 의해서 이해할 수 있다. 3개의 힘(강한 힘, 전자기력, 약한 힘)은 '대통일 힘'으로서 일원화되어 있다. 우주에

---

* 아인슈타인의 일반상대성 이론에 따르면 중력은 시간과 공간(시공)을 뒤틀리게 한다. 이것은 태양의 중력장 속을 통과하는 항성의 빛을 굽힐 수 있다는 것으로 실험적으로 검증되었다. 이러한 것으로부터 중력은 시공(時空)의 구조와 밀접한 관계를 가짐을 알 수 있다.

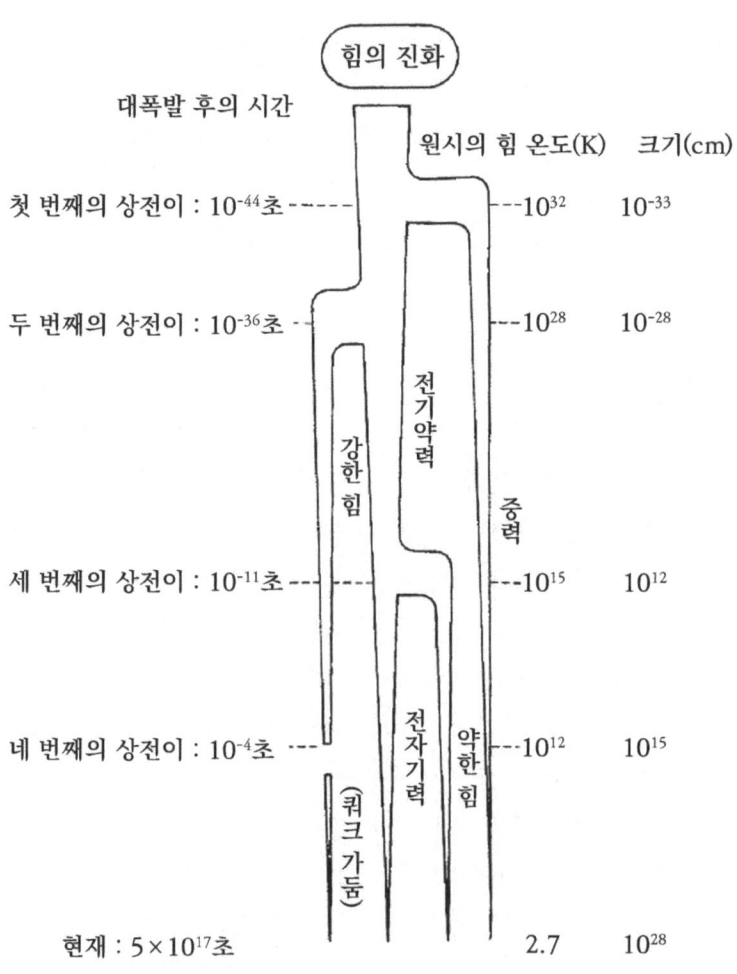

〈그림 7-8〉 진공 상전이에 따른 힘의 진화와 우주 온도, 크기의 변화

는 물질의 소재인 쿼크, 렙톤과 그들 사이에 교환되어 대통일 힘을 매개하는 게이지 입자, 'X입자'가 꽉 채워져 있었다*. 여기서 쿼크, 렙톤, 그리고 게이지 입자는 모두 질량이 제로이고 에너지만을 가지고 광속으로 날아다니고 있었다. 그러나 우주는 초고밀도이고 이들 입자는 충돌 때문에 멀리 움직일 수 없었다. 우주는 초고밀도의 구름에 덮인 암흑의 세계였다. 개벽으로부터 10^{-36}초가 지났을 때 두 번째 진공의 상전이가 발생했다. 이때 우주의 넓이는 10^{-28}센티미터, 온도는 10^{28}K이다. 이 상전이 직후에 기묘한 일이 일어났다. 10^{-28}센티미터의 우주가 단숨에 1센티미터까지 대팽창하였다는 '우주 인플레이션'이 있었던 것이다. 인플레라 하면 통화가 팽창해서 화폐가치가 내려가는 것을 머릿속에 떠올리는 사람도 많을 것이지만, 여기서 말하는 인플레란 그렇게 단순한 것은 아니다. 우주가 순식간에 10^{28}배(100조 배의 100조 배)로 확대한 것이기 때문이다.

마이크로의 우주가 급격한 팽창에 의해서 매크로의 우주로 진화한다는 우주 인플레이션의 아이디어는 빅뱅 우주 창세의 기구로서 오늘날 널리 인정되었다. 우리의 우주는 우주배경복사가 보여주는 것처럼 공간적으로 극히 한결같지만 그것은 상전이 이전에 있었던 한결같은 영역이 인플레이션에 의해서 확대되었다고 생각하면 이치가 맞는다.

질량이 나타났다

그런데 두 번째 상전이로 인한 대칭성의 자발적 깨짐에 의해서 대통일 힘으로부터 강한 힘이 독립하였다. 결국 이 시점에

---

* X입자는 질량이 양성자 질량의 10^{15}배를 갖는 게이지 입자이다.

서 우주에는 전기약력, 강한 힘, 중력이 존재하고 있던 것이 된다. 이때 그때까지 질량 제로였던 X입자가 양성자의 10^{15}배라는 큰 질량을 획득한다(이것은 표준모형에서 위크 보손이 질량을 얻는 것과 같은 메커니즘이다). 그러나 쿼크, 렙톤과 게이지 보손은 아직 질량 제로인 채로 거동하고 있다. 첫 번째, 두 번째 상전이를 거쳐 진공의 대칭성은 조금씩 낮아져 가지만 이 시점에서의 대칭성은 아직 쿼크, 렙톤과 게이지 보손에 질량을 줄 만큼 크게 깨져 있지는 않았다.

개벽으로부터 10^{-11}초가 지나서 우주의 온도가 10^{15}K까지 내려갔을 때 세 번째 상전이가 일어났다. 이때 우주의 크기는 10^{12}센티미터이고 태양계에서 가장 내측의 행성인 수성보다 안쪽 영역에 전 우주가 밀어넣어져 있었다. 여기서 전기약력은 전자기력과 약한 힘으로 분리되어 오늘날 존재하는 4개의 힘이 모두 갖추어졌다.

전기약력이 전자기력과 약한 힘으로 분리한다―이것은 〈전자기력과 약한 힘이 전기약력으로 통합된다〉는 통일 이론의 예측의 역과정이라는 것을 알 수 있을 것이다. 〈전기약력으로부터의 분리〉와 〈전기약력으로의 통합〉은 상전이를 온도가 내려가는 방향으로 보는가, 올라가는 방향으로 보는가의 차이에 불과한 것이기 때문이다.

이와 같이 생각하면 세 번째의 상전이는 6장에서 언급한 국소 게이지 대칭성의 자발적 깨짐, 즉 힉스 기구에 의해서 기술할 수 있음을 알 것이다. 위크 보손, 쿼크, 렙톤이 질량을 획득한 것은 바로 이때이다. 쿼크, 렙톤은 물질의 소재이므로 물질 질량의 기원을 여기서 구할 수 있다.

표준모형(통일 이론)은 순수하게 이론적인 고찰에서 질량의 기원을 밝혔다. 거기서 힉스 기구는 힘의 통일이라는 이론상의 동기에서 도입된 가설에 불과하였다. 하지만 지금이야말로 사정은 크게 변했다. 힉스 기구는 초기 우주에서 현실에 존재하고 우주를 채우는 온갖 물질에 질량을 준 것이다. 우리는 지금에야 "물질의 질량은 언제, 어디서, 어떻게 해서 만들어졌는가?"라는 의문에 답할 수 있다.

자연계에 존재하는 4개의 기본적인 힘이 3회의 상전이에 의해서 만들어진 것을 알았다. 여기서 기본적인 힘에는 직접 관계되지 않지만 마지막에 일어난 상전이인 '네 번째 상전이'에 대해서도 언급해 두자.

개벽으로부터 10^{-4}초가 지나고 우주의 온도가 10^{12}K가 됐을 때 마지막 상전이가 발생했다. 이때 우주의 넓이는 10^{15}센티미터이고 지구-태양 간의 100배 정도의 크기였다.

그렇다고는 하지만 우주는 아직 개벽 이래 1만 분의 1초밖에 지나고 있지 않다. 그때의 우주공간에는 현재 존재하는 온갖 물질―그것은 적어도 10^{23}개의 별들을 포함하고 있다―이 채워져 있었다. 그것은 1세제곱센티미터의 무게가 1,000킬로그램이나 된다는 초고밀도의 우주였다.

네 번째 상전이 전에는 강한 상호작용에 의해서 쿼크와 반쿼크가 소멸-생성을 반복하고 있었다. 우주의 팽창에 의해서 온도가 내려가면 쿼크의 열운동은 차츰 쇠퇴하고 강한 힘에 의한 속박력이 이기게 된다. 그래서 마지막 상전이에서 쿼크는 글루온의 끈에 의해서 속박되어 양성자나 중성자 속에 가두어졌다. 이리하여 물질의 소재로서 2개의 소립자인 양성자와 중성자가 준비된 것이다.

  물질의 질량은 그 대부분이 양성자, 중성자에 의해서 떠맡아지고 있다(전자의 질량은 1,840분의 1에 불과하다). 그 양성자, 중성자는 우주 개벽 100만 분의 1초 부분에서 만들어진 것이다.

8장
질량의 주변

7장까지 표준모형에 의한 질량 생성의 메커니즘 '힉스 기구'와 그것이 우주의 역사 속에서 언제, 어떻게 작용했는가를 보았다. 이 장에서는 질량에 관련된 화제로 지금 우주물리학에서 주목하고 있는 암흑물질, 그리고 힉스 기구를 밝히기 위해 계획되어 있는 거대 가속기 계획의 줄거리를 언급한다.

암흑물질

우리의 우주에는 도대체 얼마만큼의 물질(질량)이 존재하는 것일까. 우주에는 막대한 수의 은하가 있고 그 은하는 또 다수의 항성으로 구성되어 있다. 이러한 우주의 구조를 생각해 보면 질량의 대부분은 은하 속의 항성, 즉 빛나고 있는 물질이 떠맡고 있다는 것이 예상된다. 그렇다면 항성의 크기와 수를 안다면 은하의 전체 질량을 추정할 수 있을 것이다. 그래서 관측되는 데이터로부터 전형적인 소용돌이 은하의 질량을 구해 보면 태양의 질량(2×10^{30}kg)의 약 1000억 배라는 결과가 얻어진다. 이것은 은하가 밝게 보이는 부분에 상당하는 질량이라 생각된다.

한편 은하의 질량은 항성이 은하 중심 주위를 회전하고 있다는 사실을 이용해서 구할 수도 있다. 지금 은하 중심으로부터 반지름 r인 곳을 회전하고 있는 질량 m의 항성을 생각해 본다. 이 항성은 그 회전반지름보다 안쪽에 있는 물질(질량 M이라 한다)로부터의 중력에 의해서 안쪽으로 끌어당겨진다. 뉴턴의 만유인력의 법칙에 따르면 인력의 세기(F)는 2개의 물체의 질량 m, M의 곱(mM)에 비례하고 거리의 제곱(r^2)에 반비례한다. 즉

$$F = GmM/r^2$$

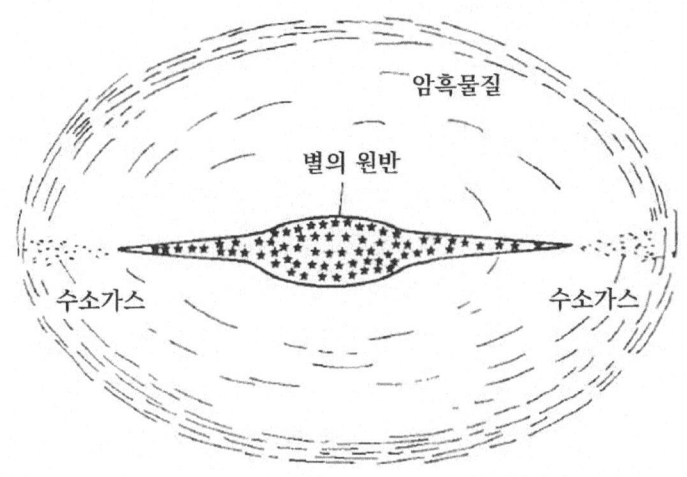

〈그림 8-1〉 은하와 수소가스의 관측으로부터 물질의 총량을 추정하였더니 보이지 않는 물질(암흑물질)이 은하 밖에도 대량 있음을 알았다

여기서 G는 중력의 크기를 나타내는 상수이고 만유인력상수라 부른다.

다른 한편 이 항성은 회전하고 있기 때문에 바깥 방향으로 원심력 F′를 받는다. 항성의 회전 속도를 v라 하면 원심력의 크기는

$$F' = mv^2/r$$

으로 표현된다. 이 항성은 만유인력과 원심력이 균형 잡힌 곳에서 안정된 회전 운동을 한다. 그래서 F=F′라 두면

$$v^2 = GM/r$$

이 얻어진다. 이 식은 항성의 회전 속도가 반지름 r보다 안쪽에 있는 질량 M에 의해서 결정되는 것을 의미하고 있다. 그래

서 위의 식을 고쳐 적어서

$$M = v^2 \times r/G$$

라 하면 항성의 속도 v와 회전반지름 r을 측정할 수 있으면 질량 M을 결정할 수 있음을 안다. 이렇게 해서 은하의 가장 바깥쪽에 있는 항성의 회전 속도로부터 구한 질량 M은 항성의 총수로부터 구한 값과 거의 일치하는 것이 확인되었다. 우선은 "반갑다!"라고 말하고 싶지만 여기서 중대한 문제가 발생한다.

여기서 말하는 항성의 총수란 광학망원경에 의한 관측을 기초로 하여 어림잡은 것이다. 바꿔 말하면 그것은 항성으로부터 발생하는 가시광의 관측에서 얻어진 것이고, 따라서 위에서 구한 M은 밝게 빛나고 있는 물질(전 항성)의 질량에 대응한다. 그런데 은하를 전파망원경으로 보면 사정은 변한다. 빛을 발하지 않는 물질인 '암흑물질'이 대량으로 있음을 안 것이다.

전파로 보면 별이 보이지 않는 은하의 바깥쪽에도 수소가스가 존재하고 있음을 알 수 있다. 그래서 위에서 언급한 질량 m의 항성 대신에 수소가스에 주목해서 거기서부터 발생하는 전파를 관측하기로 하자. 수소가스도 항성의 경우와 마찬가지로 그 안쪽에 있는 물질로부터 중력을 받는다. 그래서 은하 바깥쪽의 특정 장소에 존재하는 수소가스에 전파망원경을 향하게 하여 거기서부터 방사되는 전파를 관측하면 수소가스의 회전 속도를 구할 수 있고, 따라서 그 안쪽에 있는 물질의 총량(질량)—그것은 항성과 빛을 발하지 않는 물질의 총량이다—을 추정할 수 있을 것이다.

만일 은하의 물질이 항성뿐이라면—수소가스의 양은 항성의 물질량에 비하면 무시할 수 있으므로—수소가스와 항성의 회전 운동으로부터 구한 물질량은 서로 일치할 것이다. 따라서 위의 식으로부터 수소가스의 회전 속도는

$$v \sim 1/\sqrt{r}$$

처럼 수소가스까지의 거리 r의 제곱근에 반비례해서 감소하게 된다.

그런데 실제로 이것을 측정해 보면 회전 속도 v는 은하로부터 떨어진 곳에서는 일정하게 됨을 알았다. 회전 속도 v가 r에 의존하지 않는다—그것은 앞의 식에서 질량 M이 거리 r에 비례해서 증가하고 있음을 의미하고 있다. 은하의 밖에도 대량의 물질이 있다! 게다가 그것은 빛을 발하지 않는 암흑의 물질이다!!

암흑물질을 찾아라

밝게 빛나는 은하의 외측에는 빛도 전파도 방출-흡수하지 않는 암흑물질(Dark Matter)이 대량으로 분포하고 있다. 그 질량은 보이는 물질의 10배 이상이나 있는 것을 알고 있다. 이 은하 주위의 보이지 않는 물질을 '헤일로(Halo)'라 부른다.

암흑물질은 소용돌이 은하의 고유한 것은 아니고 타원 은하 등 여러 가지 은하에서도 그 존재가 확인되고 있다. 또 은하의 집합인 은하단이나 초은하단에도 대량의 암흑물질의 존재가 예상된다. 이제까지 우리는 우주의 〈물질〉에만 주목해서 그 기원과 질량 생성의 메커니즘에 대해 생각해 왔다. 하지만 그러한 고찰의 대상이 된 물질이란 우주에 존재하는 물질의 극히 일부

에 지나지 않는다. 도대체 암흑물질의 정체는 무엇일까?

우선 암흑물질이 이제까지 생각해 온 것 같은 보통의 물질이라고 생각해 보면 어떠할까. 물질 질량의 대부분은 양성자, 중성자가 떠맡고 있으므로 암흑물질도 양성자, 중성자 등의 바리온으로 만들어져 있는 것은 아닌가라고 생각해 본다. 이들 바리온이 중력에 의한 수축을 피하여 항성처럼 빛나지 않고 우주 공간에 표류하고 있다면 암흑물질의 정체를 가장 솔직히 해결할 수 있을 것 같은데…….

그런데 빅뱅우주론에 따르면 헬륨, 중수소(양성자와 중성자가 결합한 것) 등의 경원소(輕元素)는 개벽으로부터 몇 분 지나서 핵융합 반응에 의해서 양성자와 중성자로부터 합성되었다. 오늘날의 '표준우주모델'은 이들 경원소의 관측값을 멋지게 설명할 수 있다. 표준우주모델은 충분히 신뢰할 수 있는 확립된 모델이라 생각해도 된다. 그래서 이 모델을 사용해서 바리온(양성자, 중성자)의 수와 광자 수의 비율을 상세히 조사해 보면 그 비율은 매우 좁은 범위($3 \times 10^{-9} \sim 10 \times 10^{-9}$)로 한정됨을 알았다. 바리온 수는 광자 수의 1억 분의 1 이하이다. 이러한 적은 바리온 양으로는 빛나고 있는 물질량을 설명하는 것이 고작이고 그 10배나 있는 암흑물질의 양에는 훨씬 미치지 못한다.*

그렇다면 암흑물질은 바리온 이외의 것이어야 한다. "그러면 그 정체는?"이라고 묻는다면 솔직히 말해서 현재 우리는 결정적인 해답을 갖고 있지 않다. 그렇다면 소립자물리학의 입장에서 암흑물질의 후보가 될 수 있는 것을 검토해 보자.

---

* 우주에 존재하는 광자의 수는 2.7K 우주배경복사의 관측에서 1세제곱센티미터(cm^3)당 약 400개로 추정된다.

무거운 뉴트리노: 3장에서도 언급한 것처럼 현재 3종류의 뉴트리노(ν_e, ν_μ, ν_τ)의 존재가 확인되어 있지만 그 질량은 상한 값밖에 모르고 질량 제로가 실험적으로 제외되어 있지 않다. 뉴트리노는 약한 상호작용밖에 없으므로, 그 관측이 극도로 어렵기 때문이다. 1992년의 시점에서 그 상한 값은 다음과 같다.

ν_e: 7.3eV

ν_μ: 2.7 × 10^5eV = 0.27MeV

ν_τ: 3.5 × 10^7eV = 35MeV

만일 이들 중에서 수십 전자볼트 정도의 질량을 갖는 것이 있으면 암흑물질을 설명할 수 있다. 뉴트리노는 그것 자체의 존재가 확인되어 있으므로 암흑물질의 후보로서는 유력하다. 최근 세른의 전자-양전자 소멸 반응의 실험에서 뉴트리노의 질량에 엄격한 제한이 가해졌지만 결정적인 결론은 얻어지지 않고 있다.

초대칭성 입자: 최근 화제가 되고 있는 이론에 초대칭성(Super Symmetry, SUSY) 이론이 있다. '5-7. 색깔이 붙은 쿼크' 후반부에서도 언급한 것처럼 온갖 입자는 스핀반정수(1/2, 3/2, 5/2……)의 페르미 입자와 스핀정수(1, 2, 3……)의 보스 입자로 나누어진다. 페르미 입자에는 쿼크, 렙톤이나 쿼크 3개로 만들어진 바리온이 있고, 보스 입자로서는 게이지 입자(광자, 글루온, 위크 보손, 그래비톤)나 쿼크-반쿼크로부터 구성되는 메손을 들 수 있다.

페르미 입자와 보스 입자는 각각 상이한 통계 법칙, 즉 '페르미 통계'와 '보스 통계'*를 따른다. 이제까지 하나의 입자가 어

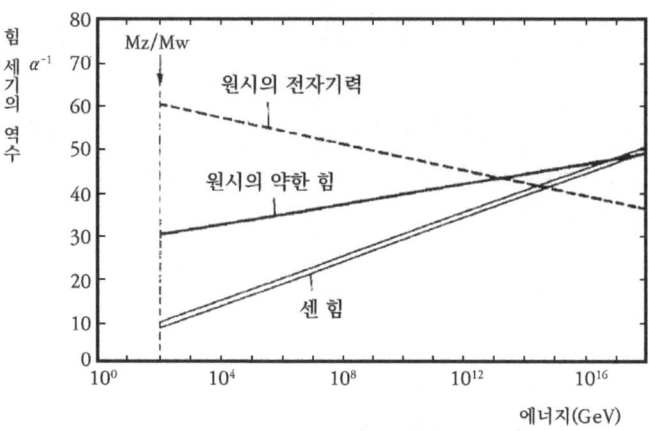

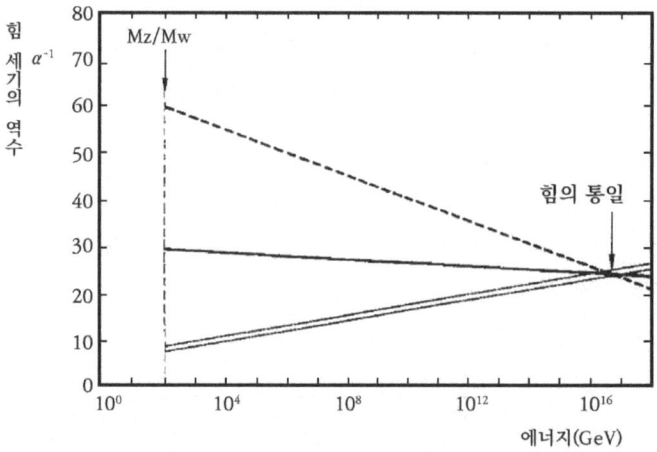

〈그림 8-2〉 (위)의 대통일 이론에서는 고에너지이고, 3개의 힘 세기가 일치하지 않는다. (아래)의 SUSY 이론에 의해서 3개의 힘을 통일할 수 있다

떤 경우에는 페르미 통계에 따르고, 별개의 경우에는 보스 통계에 따른다는 것은 결코 있을 수 없었다. 바꿔 말하면 페르미 입자와 보스 입자 사이에는 타고 넘을 수 없는 높은 벽이 존재하여 2개의 세계는 엄연히 구별되어 있다.

그런데 이 벽을 제거하여 벽에 의해 격리되어 있던 2개의 세계를 1개의 세계로 융합해 버리자는 기발한 발상, 즉 '초대칭성 이론'이 제안되었다. 이 이론에 따르면 페르미 입자와 보스 입자는 전혀 관계가 없는 존재는 아니고, 보다 근원적인 입자— 이것을 '초입자(超粒子)'라 부르자—의 2개의 모습으로 보는 것이다.* 결국 페르미 입자와 보스 입자는 공동의 기원으로서의 초입자를 갖고 거기서부터 분화한 것이라고 생각하는 것이다.

초대칭성은 또 대통일 이론이나 중력을 거두어들인 4개의 힘의 통합에 대해서도 중요한 작용을 하는 것을 알고 있다. 예컨대 최근의 정밀 실험으로부터 강한 힘, 전자기력, 약한 힘의 세기가 높은 에너지에서 벗어나는 것이 지적되고 있는데 만일 그렇다면 3개의 힘을 통합해서 일원화할 수 없게 돼 버린다. 초대칭성 이론은 이 곤란을 멋지게 해소하여 힘이 일원화될 가능

---

* 소립자는 각운동량, 스핀, 바리티 등의 양자수를 갖는다. 특정의 양자 상태를 지정했을 때, 그 양자 상태에 1개의 소립자밖에 들어갈 수 없을 경우 그 입자는 페르미 통계에 따른다. 또 특정의 양자 상태에 몇 개라도 들어갈 수 있을 때 그 소립자는 보스 통계에 따른다.
* 양성자와 중성자는 전하가 e와 0인데 질량은 938.27과 939.57(단위: GeV/c^2)로 매우 가까운 값이다. 그래서 이 양성자와 중성자는 전혀 관계가 없는 존재가 아니고, 핵자(核子)라는 공통의 기원을 갖고, 그 핵자가 2개의 상이한 전하를 취해서 나타났다고 간주한다. 구체적으로는 핵자에 하전스핀 1/2을 주어, 그 2개의 성분(+1/2, -1/2)에 각각 양성자와 중성자를 대응시킨다.

〈표 8-3〉 보통의 입자와 SUSY 입자

보통의 입자			SUSY 입자	
		스핀		스핀
	쿼크	1/2	S쿼크	0
	렙톤	1/2	S렙톤	0
게이지 입자	포톤	1	포티노	1/2
	글로온	1	글리노	1/2
	위크 보손 W	1	위노	1/2
	Z	1	지노	1/2
	그래비톤	2	그래비티노	3/2

성을 시사하고 있다(〈그림 8-2〉 참조).

그런데 초대칭성에 따르면 페르미 입자와 보스 입자는 서로 관련돼 있고, 이러한 것으로부터 '초대칭성 파트너'라는 놀랄 만한 예언이 유도된다. 〈표 8-3〉을 보기 바란다. 스핀 1/2의 쿼크, 렙톤에는 그 파트너로서 스핀 0을 갖는 S쿼크, S렙톤이 존재하고, 스핀 1의 게이지 입자에는 스핀 1/2의 파트너가 존재한다는 것이다. 이들 입자는 초대칭성(Super Symmetry)으로부터 예언된다는 의미에서 SUSY 입자라 부른다.

그런데 SUSY 입자 중에서 가장 가벼운 것은 다른 입자에는 붕괴되지 않고 안정하다. 이론은 아직 질량을 예언할 수 없지만, 예컨대 광양자, 그래비톤, 뉴트리노의 파트너인 '포티노', '그래비티노', 'S뉴트리노'의 어느 것이 그 후보가 아닌가 생각되고 있다. 이들 SUSY 입자는 빛날 수 없으므로 암흑물질을 설명할 수 있는 가능성이 있다.

SUSY 입자의 발견은 암흑물질의 수수께끼를 해결할 뿐 아니라 현재의 소립자 이론의 최대 과제—중력을 포함하는 힘의 참된 통합—에 대해서도 획기적인 발전을 가져올 것이다. 이제까지 여러 가지 실험에서 SUSY 입자의 탐색이 행해졌지만, 아직 관측이 되지 않았기 때문에 그 질량은 현존하는 가속기의 에너지를 상회하고 있는 것으로 생각된다. SUSY 입자의 발견은 21세기의 가속기 계획의 중요한 목표 중 하나이다.

악시온의 탐색

표준모형으로부터 예상되는 소립자에 '악시온'이라 부르는 가벼운 질량을 갖는 미지의 소립자가 있다. 이것이 〈암흑물질의 후보가 되는 것은 아닌지…〉라 하여 여러 가지 실험을 해왔다.

도쿄도립대학 고에너지물리학 실험연구실에서도 최근 수년 악시온 탐색의 정밀 실험을 진행시켜 왔으므로 그 개요를 소개하자. 만일 악시온의 질량이 충분히 작다면 비싼 돈을 들여서 가속기 실험을 할 필요가 없을 것이다. 차라리 실험실 내에서 시간을 들여 초저에너지의 정밀 실험을 차분하게 해 보자는 생각을 하고 있던 무렵, 미시간대학에서 포지트로늄의 붕괴수명에 이상이 있다는 보고가 발표되었다. 포지트로늄이란 전자와 양전자의 속박 상태($e^+ + e^-$)이고 포지트로늄은 그 수명이 짧으며 몇 갠가의 광자로 붕괴한다.*

그러면 포지트로늄의 붕괴

---

* 전자와 양전자의 스핀(모두 크기가 1/2)이 평행인가 반평행인가에 따라서 스핀 1과 스핀 0의 상태가 만들어진다. 이것을 각각 오르토 포지트로늄, 파라 포지트로늄이라 부른다. 오르토 포지트로늄은 약 100나노초(나노는 10^{-9})의 수명이고 홀수 개의 광자($3\gamma, 5\gamma$……)로 붕괴하고, 또 파라 포지트로늄은 약 0.1나노초의 수명이고 짝수 개의 광자($2\gamma, 4\gamma$……)로 붕괴한다.

$$e^+ + e^- \rightarrow A + n\gamma$$

에 의해서 질량이 작은 악시온 "A"가 생성되었다 하자. 즉 먼저 전자-양전자의 소멸에 의해서 약 $1MeV/c^2$의 질량이 방출되고 거기서부터 악시온 A와 n개의 감마선(γ, 광자)이 만들어졌다 하자. 만일 악시온이 안정된 입자라면 악시온은 물질과의 상호작용이 작으므로 그대로 검출기 밖으로 튀어 나갈 것이다. 반대로 악시온이 짧은 수명의 입자라면 거듭 2개의 광자로 붕괴할 것이다*. 즉

$$e^+ + e^- \rightarrow A + n\gamma$$
$$\hookrightarrow 2\gamma$$

결국 최종적으로는 다수의 광자가 방출되므로 그것들을 모두 정밀도 있게 관측할 수 있는 측정기를 만들어야 한다.

그래서 〈그림 8-4〉처럼 32개의 감마선 검출기를 갖춘 '다중 감마선 스펙트로미터'를 건설했다. 먼저 쇠의 구각(球殼: 공 모양의 껍질)을 준비한다. 축구공이 32면체라는 것에 착안하여 구각상에서 32개의 각 변의 중심에 구멍을 뚫고 거기에 감마선 검출기를 중심을 향해 정밀도 있게 설치한다. 중심에는 양전자를 방출하는 아이소토프를 삽입하여 거기서 포지트로늄을 생성한다. 포지트로늄 붕괴에 의해서 생긴 복수의 감마선을 32개의 검출기로 포착하여 에너지와 방출의 각도를 결정하는 것이다. 〈그림 8-4〉에서 보는 것처럼 그 형태가 어쩐지 바다에 사는

---

* 악시온의 스핀이 0, 광자의 스핀은 1이므로 스핀의 선택 법칙으로부터 악시온은 짝수 개의 광자로밖에 붕괴될 수 없다.

〈그림 8-4〉 다중감마선 스펙트로미터 '섬게'

"섬게"를 연상시키므로 우리들의 동료 사이에서는 이 장치를 '섬게'라는 애칭으로 부르고 있다.

밖에서 보면 아무것도 아닌 것처럼 보이는 섬게지만, 그 내장 부분에는 가지가지의 궁리가 되어 있다. 이제까지 4개 또는 5개의 감마선을 모두 정밀도 있게 관측한다는 실험

$$e^+ + e^- \rightarrow 4\gamma, 5\gamma$$

는 세계 어디서도 행해지고 있지 않다. 아무튼 '섬게'가 만들어짐으로써 이러한 정밀 실험이 원리적으로 가능하게 되었다.

쓰레기 산더미에서 보석을

하지만 그것은 어디까지나 '원리적'인 것이어서 현실적으로 그것이 가능한지 어떤지가 되면 이야기는 또 다르다. 막대한 백그라운드가 바라는 순정(純正: 순수하고 올바름)의 사상(事象: 관찰할 수 있는 사물과 현상)—위의 식에서 보여 준 4γ, 5γ 반응—을 은폐해 버렸기 때문이다. 예컨대 2γ 생성 반응

$$e^+ + e^- \rightarrow 2\gamma$$

는 4γ 생성 반응

$$e^+ + e^- \rightarrow 4\gamma$$

의 100만 배 이상이나 있다. 이러한 것은 만일 2γ 생성 반응으로부터 100만 분의 1의 혼입이 있으면 그만큼 가짜가 진짜보다 많아져 버린다는 것을 의미한다. 예컨대 2γ의 각각이 검출기 내에서 산란되어 별개의 2개의 검출기에 들어가면 4개의 검출기로부터 신호가 출력되어 마치 4γ 생성 반응이 일어난 것처럼 보인다. 단지 카운터를 배열한 것만이라면 이러한 겉보기 사상(事象)이 빈번히 발생하여 손을 댈 수 없게 될 것이다. 물론 이러한 것에 대한 대책은 세우고 있다. 각각의 검출기에 납의 실드(Shield)를 덮어서 중심 이외의 방향으로부터 다가오는 감마선—예컨대 산란된 감마선—은 모두 차폐하도록 되어 있다.

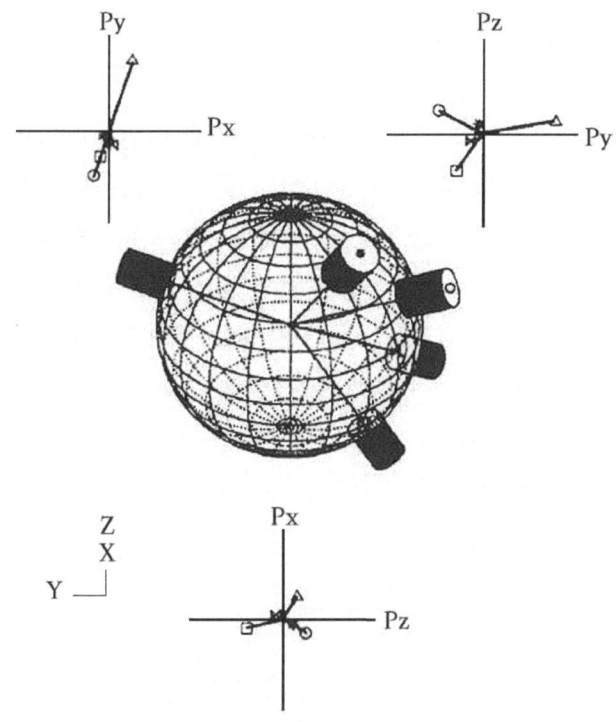

⟨그림 8-5⟩ 섬게의 중심에서 전자와 양전자가 소멸하여 5γ가 검출 되었다. 3개의 그래프는 운동량 성분의 균형을 보여준다

    그 밖에 생각할 수 있는 백그라운드는 29종류나 된다. 게다가 이들 백그라운드는 앞의 예처럼 장치에 궁리를 해서 격퇴할 수 있는 것만은 아니다. 요컨대 이 실험은 대형 트럭 몇 대분이나 되는 쓰레기 산더미에서 한 알의 보석을 수작업으로 찾아내는 것 같은 수고를 요하는 작업이다. 그런데 '섬게'는 이 쓰레기의 선별에 대해서도 유례가 드문 위력을 발휘한다. 32개라는 다수의 검출기가 있는 덕분에 사상(事象)마다 에너지 보존과

운동량 보존을 검사할 수 있기 때문이다*.

이리하여 압도적인 백그라운드를 배제해서 세계에서 처음으로 4γ 생성 반응(203사상)과 5γ 생성 반응(1사상)을 관측하는 데 성공했다. 그러면 이들 데이터 속에 악시온이 보이는가 하면 유감스럽게도 대답은 '아니오'이다. 이 결과가 기존의 이론, 즉 고차의 전자기 상호작용에 의해서 설명되기 때문이다.

작은 질량의 악시온은 정말 존재하지 않는 것일까. 또는 그것은 우리들의 측정기로는 볼 수 없는 특이한 성질을 갖고 있는 것일까. 결국 이러한 악시온 탐색 실험에는 가속기를 사용한 대대적인 실험과는 다른 어려움과, 또 바로 그러하기 때문에 색다른 재미가 섞여 있다.

에너지 프런티어를 지향하여

21세기 세계 최고의 에너지를 지향하는 이른바 에너지 프런티어 계획으로는 양성자-양성자 충돌형 가속기 및 전자-양전자 충돌형 가속기를 생각할 수 있다. 전자(前者)로는 SSC가 중지 상태인 현재 유럽합동원자핵연구기관(CERN)의 차기 계획인 대형 하드론 콜라이더 LHC(Large Hadron Collider)만으로 되었다. LHC에는 현재 LEP가 설치되어 있는 터널(둘레 27킬로미터)을 그대로 이용할 수 있다는 유리한 상황도 있다. 〈그림 8-6〉으로부터 알 수 있는 것처럼 LHC의 전자석은 기존의 LEP 전자석 위에 건설될 예정이다.

---

* 관측된 전 감마선에 대해서, 그 전체 에너지는 처음에 있었던 전자와 양전자의 질량 $1.02 GeV/c^2$과 같고, 또 운동량의 합은 제로가 되지 않으면 안된다.

8장 질량의 주변   233

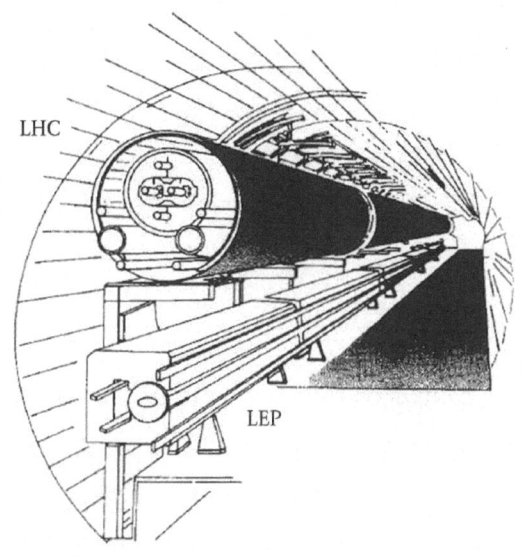

〈그림 8-6〉 LHC는 LEP의 터널 속에 건설될 예정

그러면 LHC에 대항할 수 있는 거대 가속기 계획이 일본에는 없는 것일까……. 아니다, 그렇지 않다. 21세기 세계의 고에너지물리학을 선도하려는 의욕적인 계획이 있다. 길이 25킬로미터의 직선형 전자-양전자 콜라이더 JLC(Japan Linear Collider)가 검토되고 있기 때문이다.

일본 고에너지물리학 실험의 실력은 트리스탄 가속기의 건설과 그에 이어지는 실험의 성공에 의해서 세계적으로도 높이 평가받게 되었다. 트리스탄은 1986년 말에 가동을 개시한 이래 LEP가 가동되기까지의 3년간 전자-양전자 충돌 실험에서는 세계에서 가장 높은 에너지인 60GeV를 공급해 왔다. 그러나 LEP에 세계 제일의 자리를 빼앗겨 버린 이상 트리스탄이 앞으로 어떻게 세계의 고에너지물리학에 공헌할 것인지를 진지하게 생각해야 할 단계에 있다. 당분간 트리스탄에 개량을 가해서 B 메손*을 대량으로 발생하는 'β팩토리(β공장)' 건설이 시작될 예정이다. 이것은 에너지 프런티어를 지향하는 것은 아니고 오히려 b쿼크에 대한 정밀 실험에 의해서 표준모형을 상세히 조사하는 것이 목적이다. 즉 반응 과정

$$e^+ + e^- \rightarrow B_0 + \overline{B}_0$$

에 의해서 B_0를 발생시키기 위한 에너지는 B_0메손 질량의 2배 정도(10GeV 정도)로 충분하다. 그 대신 가속기 중의 전자-양전자의 수를 트리스탄의 40배로 하여 빔 강도가 세계 제일인 가속기를 만들려는 것이다. 이렇게 함으로써 보통은 관측되지 않는 중요한 현상의 미미한 시그널을 검출하려고 한다. 아무튼 이 계획은 1994년에는 시작될 것이다.

그런데 이러한 전자-양전자 충돌형 가속기의 건설에 의해서 축적된 기술은 지금 JLC 계획으로서 꽃피려 하고 있다. 건설은 에너지가 0.3~0.5TeV 및 1~1.5TeV라는 2개의 단계로 나뉘어 진행되는데, 제1기의 완성은 2000년경을 지향한다. "아니! LHC는 16TeV를 발생하는데 1TeV 이하의 가속기를 만들어서 의미가 있나?"라고 의아하게 생각하는 사람이 있을지도 모른다. 과연, 에너지만을 보면 큰 차이가 있다. 하지만 〈양성자-양성자의 충돌〉과 〈전자-양전자의 충돌〉에서는 그것들이 장기로 하는

---

* b쿼크를 포함하는 질량 5.3GeV의 메손. 예컨대 B^+를 구성하는 쿼크는 ($b\overline{u}$), B^-는 ($b\overline{u}$)이고 약 10^{-12}초의 수명이고, 짧은 메손이나 렙톤으로 붕괴한다.

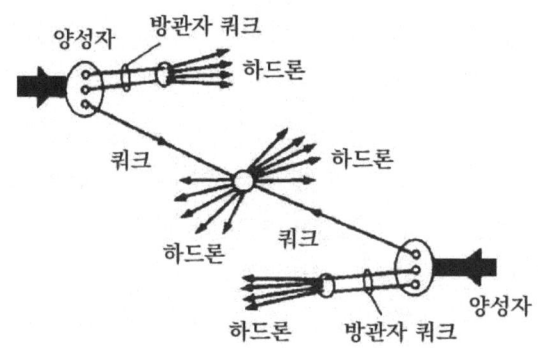

〈그림 8-7〉 양성자-양성자 충돌

 물리적인 목표도 다르고 표준모형을 능가하는 새로운 현상의 발견이라는 의미에서는, 2개 타입의 가속기는 각각 상호보완적인 역할을 담당하고 있다.
 양성자는 3개의 쿼크로 구성된다. 따라서 양성자끼리의 충돌은 다름 아닌 쿼크끼리의 충돌, 바로 그것이다. 만일 양성자 속에 있는 1개의 쿼크가 충돌했다면 나머지 2개의 쿼크는 그대로 통과해 버린다. 이와 같이 충돌에 직접 관여하지 않는 쿼크를 '방관자 쿼크'라 부른다. 쿼크는 단독으로는 존재할 수 없기 때문에 충돌한 쿼크도 방관자 쿼크도 최종적으로 하드론이 돼서 튀어나온다. 이러한 것을 그림으로 풀이하면 〈그림 8-7〉처럼 된다.
 한편 전자와 양전자는 원래 쿼크와 같은 점상(점 모양)의 입자이므로 그 충돌에 의해서 전자-양전자는 완전히 소멸해서 에너지의 집단으로 돼 버린다.*

힉스 입자는 일본에서

그런데 충돌하는 3개씩의 쿼크는 〈그림 8-7〉에서 알 수 있는 것처럼 최종적으로는 다수의 저에너지 하드론이 돼서 관측된다. 이것은 강한 상호작용에 의해서 일어나기 때문에 생성의 비율이 크고, 힉스 등의 흥미 있는 현상을 은폐해 버린다. 이러한 백그라운드는 LHC와 같은 하드론 콜라이더의 경우 힉스 입자 시그널의 100억 배나 된다!

또 방관자 쿼크가 양성자의 에너지를 들어내기 때문에 충돌하는 쿼크의 평균 에너지가 양성자의 에너지보다 작아진다는 재미없는 일이 일어난다. 물론 LHC 실험에서는 100억 배의 백그라운드(배경)를 제외하기 위한 각양각색의 고안이 검토되고 있지만, 그것은 그렇게 쉬운 일은 아니다.

그러한 점, 전자-양전자 충돌 반응은 백그라운드가 적은 매우 깨끗한 현상이라 할 수 있다. 아무튼 전자와 양전자는 서로 입자와 반입자의 관계에 있기 때문에 완전히 소멸해서 나중엔 에너지밖에 남지 않기 때문이다. 이리하여 소멸에 의해서 해방된 에너지로부터 미지의 입자가 발생한다.

최근의 이론에 따르면 힉스 입자는 1종류만이 아니고 상당히 가벼운 질량을 갖는 것도 예상되고 있다. LHC에서는 오히려 이러한 가벼운 힉스 입자의 검출이 어렵다. 또 여섯 번째의 쿼크, 톱의 질량은 현재 실험에서 130GeV 근방이라는 것을 상당히 분명하게 예측할 수 있게 되었다. JLC에선 먼저 제1단계

---

* 전자와 양전자는 전자기 상호작용과 약한 상호작용에 의해서 소멸해 광자와 위크 보손이 된다. 따라서 전자-양전자의 에너지는 모두 이들 게이지 보손에 주어진다.

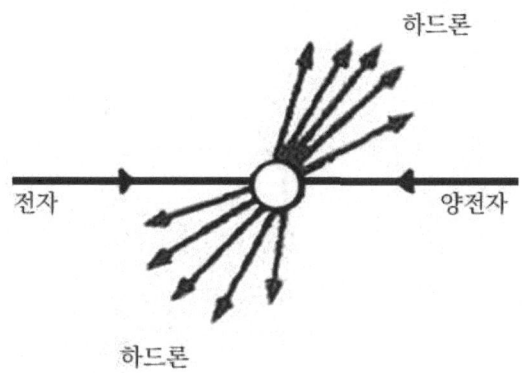

〈그림 8-8〉 전자-양전자 산란

로서 300~500GeV라는 에너지 영역에 목표를 정해서 백그라운드에 애를 먹지 않고, 정밀하고 신뢰성 있는 데이터를 수집하자는 것이다.

JLC는 LEP처럼 원형이 아니고 직선형의 가속기다. '4-8. 더 에너지를' 중반부에서도 언급한 것처럼 고에너지의 전자-양전자를 원운동시키면 싱크로트론 방사에 의해서 에너지를 잃는다. 에너지 손실을 가급적 적게 하기 위해 원둘레를 크게 할 필요가 있지만, 그것도 건설비 때문에 제약을 받는다. 그러한 이유로 전자-양전자 충돌의 원형 가속기로서는 현재 세른에서 가동하고 있는 LEP(주위 27킬로미터)의 규모를 상회하기는 매우 어렵다.

그래서 고안된 것이 전자-양전자를 회전 운동시키는 것이 아니고 서로 반대 방향으로 직선적으로 달리게 하면서 가속하여 한가운데서 양자(두 개의 물체)를 충돌시키려는 아이디어다. 〈그림 8-9〉에서 보여주는 것처럼 JLC에선 10GeV까지 가속된 전

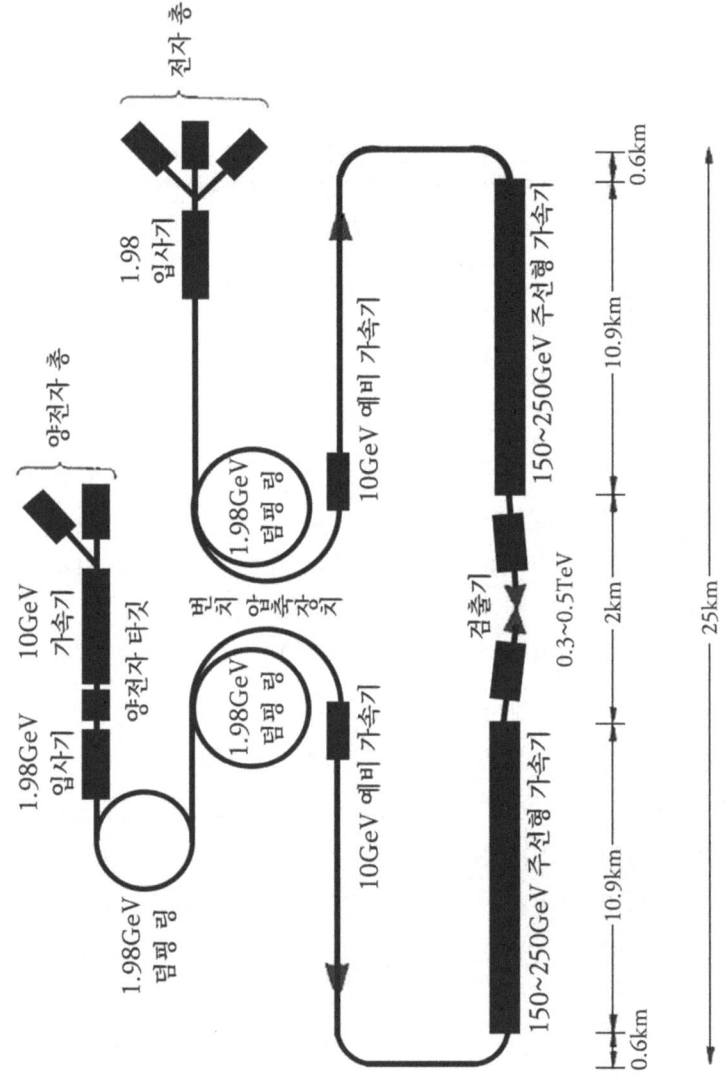

〈그림 8-9〉 JLC 전체도 ①

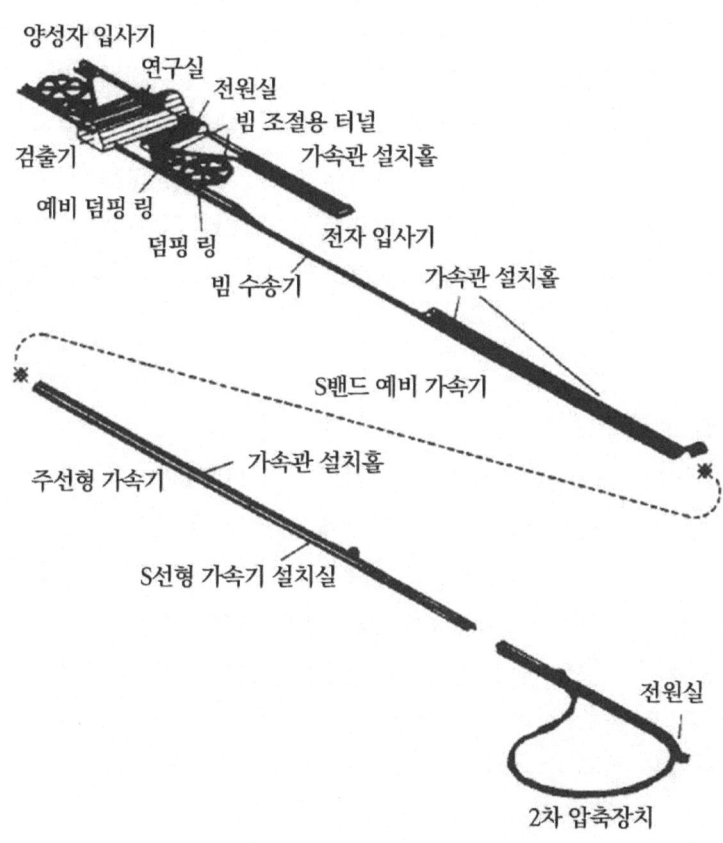

〈그림 8-9〉 JLC 전체도 ②

자-양전자를 일단 왼쪽과 오른쪽에 있는 주된 리니악의 상류(上流)로 운반하여 거기서부터 단숨에 150~250GeV까지 가속해 한가운데서 충돌시킨다.

이러한 방식에서 싱크로트론 방사의 염려는 없다. 그 대신 원형 가속기처럼 입자가 몇 번이나 충돌점을 통과하는 것이 아니고 한 번 충돌한 입자는 가속기 밖으로 버려지기 때문에 입자의 충돌 빈도를 올리기 위해 많은 연구가 필요하다. 빔의 치수를 극도로 작게 압축해야 하는 것*, 주된 리니악 중에서의 빔 안정성 등 기술적으로도 해결해야 할 고도의 과제가 남겨져 있다. 따라서 JLC는 먼저 기술적으로 가능한 3,000GeV(제1기)에서 출발하여 기술 개발을 진행시키면서 TeV 영역(제2기)으로 에너지를 올려갈 계획이다.

용기 있는 도전

뉴턴의 역학이든 양자역학이든, 대개 이제까지의 자연과학 이론에서 질량은 시간, 길이와 함께 강제로 주어져 있었다. "질량은 왜 있는가"라는 의문은 아무도 품은 적이 없었다. 하지만 지금은 사정이 다르다. 소립자의 표준모형은 이제까지의 온갖 이론이 〈거기에 질량 있음〉을 알고 이론의 출발점으로서 도입해 온 질량을 신의 손에서 탈취하여 과학의 빛을 쬐어서, 그 참모습을 들추어내려는 것이다. 이 시도는 근대과학이 싹튼 이

---

* JLC로 계획되고 있는 빔의 구조는 다음과 같다. 1개의 번치(덩어리)는 $0.7 \sim 1.7 \times 10^{10}$개의 전자-양전자를 포함하고, 그것이 1.4~5.6나노초(1나노=10억 분의 1)의 간격으로 55~90번치 계속된다. 그러한 빔 구조가 1초간에 150회 반복된다.

래 많은 과학자들이 구축해 온 자연과학에 대한 용기 있는 도전이라 할 수 있다.

자연과학은 낡은 지식 위에 새로운 지식을 축적하면서 발전한다. 이러한 입장에 서서 물리학의 역사를 되돌아보면 18세기 뉴턴 역학의 성립 이래 19세기에는 맥스웰 전자기학, 그리고 20세기에는 양자역학과 상대성 이론이 완성되어 물리학의 세계가 질과 양의 양면에서 발전해 온 것을 알 수 있다. 그러면 이제까지의 자연과학에 과감히 도전하려는 표준모형은 300년 이상에 걸쳐서 축적된 물리학의 기본 체계에 새로운 파문을 일으킬 수 있는 것일까.

확실히 지금까지 얻어진 방대한 실험 데이터는 모든 표준모형에 의해서 모순 없이 설명할 수 있다. 이 범위에서 표준모형은 금세기 최후의 성과로서 이제까지 물리학상의 위대한 성과와 비견할 수 있는 것이라 말할 수 있을지도 모른다. 다만 그것에는 한 가지 조건이 있다. 왜냐하면 우리는 표준모형의 내용을 모두 검증한 것이 아니기 때문이다. 이미 가끔 언급한 것처럼 이론에는 '질량의 기원'을 설명하는 '힉스 기구'가 가정되어 있다.

TeV 영역의 에너지 프런티어에 파고들어 무거운 질량을 갖는 새로운 입자를 일망타진하려고 하는 LHC. 에너지야 낮지만 정밀 실험에 의해서 표준모형을 초월하는 새로운 현상의 미미한 시그널도 놓치지 않겠다고 충분한 준비를 하고, 때를 기다리는 JLC.

21세기 첫머리에는 이들 거대 가속기가 힉스 입자 등의 새로운 입자를 추구하여 일본, 유럽에서 가동을 시작할 것이다.

그리고 이들 거대 가속기들이 힉스 입자를 발견했을 때, 힉스 기구에서 '가정'이라는 이름의 옷이 벗겨져 표준모형은 금세기 마지막에 인류가 획득한 빛나는 지적 유산으로서 평가될 것이다. 그러면 어느 가속기가 대발견의 영광을 안을 수 있을까. 21세기의 고에너지물리학은 세계 사람들을 지적 흥분에 사로잡히게 할 것임에 틀림없다.

질량의 기원
물질은 어떻게 해서 질량을 획득하는가

초판 1쇄 1996년 03월 01일
개정 1쇄 2019년 03월 04일

지은이 히로세 다치시게
옮긴이 임승원
펴낸이 손영일
펴낸곳 전파과학사
주소 서울시 서대문구 증가로 18, 204호
등록 1956. 7. 23. 등록 제10-89호
전화 (02)333-8877(8855)
FAX (02)334-8092
홈페이지 www.s-wave.co.kr
E-mail chonpa2@hanmail.net
공식블로그 http://blog.naver.com/siencia

ISBN 978-89-7044-865-7 (03420)
파본은 구입처에서 교환해 드립니다.
정가는 커버에 표시되어 있습니다.

도서목록
현대과학신서

A1 일반상대론의 물리적 기초
A2 아인슈타인 I
A3 아인슈타인 II
A4 미지의 세계로의 여행
A5 천재의 정신병리
A6 자석 이야기
A7 러더퍼드와 원자의 본질
A9 중력
A10 중국과학의 사상
A11 재미있는 물리실험
A12 물리학이란 무엇인가
A13 불교와 자연과학
A14 대륙은 움직인다
A15 대륙은 살아있다
A16 창조 공학
A17 분자생물학 입문 I
A18 물
A19 재미있는 물리학 I
A20 재미있는 물리학 II
A21 우리가 처음은 아니다
A22 바이러스의 세계
A23 탐구학습 과학실험
A24 과학사의 뒷얘기 I
A25 과학사의 뒷얘기 II
A26 과학사의 뒷얘기 III
A27 과학사의 뒷얘기 IV
A28 공간의 역사
A29 물리학을 뒤흔든 30년
A30 별의 물리
A31 신소재 혁명
A32 현대과학의 기독교적 이해
A33 서양과학사
A34 생명의 뿌리
A35 물리학사
A36 자기개발법
A37 양자전자공학
A38 과학 재능의 교육
A39 마찰 이야기
A40 지질학, 지구사 그리고 인류
A41 레이저 이야기
A42 생명의 기원
A43 공기의 탐구
A44 바이오 센서
A45 동물의 사회행동
A46 아이작 뉴턴
A47 생물학사
A48 레이저와 홀러그러피
A49 처음 3분간
A50 종교와 과학
A51 물리철학
A52 화학과 범죄
A53 수학의 약점
A54 생명이란 무엇인가
A55 양자역학의 세계상
A56 일본인과 근대과학
A57 호르몬
A58 생활 속의 화학
A59 셈과 사람과 컴퓨터
A60 우리가 먹는 화학물질
A61 물리법칙의 특성
A62 진화
A63 아시모프의 천문학 입문
A64 잃어버린 장
A65 별·은하 우주

도서목록
BLUE BACKS

1. 광합성의 세계
2. 원자핵의 세계
3. 맥스웰의 도깨비
4. 원소란 무엇인가
5. 4차원의 세계
6. 우주란 무엇인가
7. 지구란 무엇인가
8. 새로운 생물학(품절)
9. 마이컴의 제작법(절판)
10. 과학사의 새로운 관점
11. 생명의 물리학(품절)
12. 인류가 나타난 날 I (품절)
13. 인류가 나타난 날 II (품절)
14. 잠이란 무엇인가
15. 양자역학의 세계
16. 생명합성에의 길(품절)
17. 상대론적 우주론
18. 신체의 소사전
19. 생명의 탄생(품절)
20. 인간 영양학(절판)
21. 식물의 병(절판)
22. 물성물리학의 세계
23. 물리학의 재발견〈상〉
24. 생명을 만드는 물질
25. 물이란 무엇인가(품절)
26. 촉매란 무엇인가(품절)
27. 기계의 재발견
28. 공간학에의 초대(품절)
29. 행성과 생명(품절)
30. 구급의학 입문(절판)
31. 물리학의 재발견〈하〉(품절)
32. 열 번째 행성
33. 수의 장난감상자
34. 전파기술에의 초대
35. 유전독물
36. 인터페론이란 무엇인가
37. 쿼크
38. 전파기술입문
39. 유전자에 관한 50가지 기초지식
40. 4차원 문답
41. 과학적 트레이닝(절판)
42. 소립자론의 세계
43. 쉬운 역학 교실(품절)
44. 전자기파란 무엇인가
45. 초광속입자 타키온

46. 파인 세라믹스
47. 아인슈타인의 생애
48. 식물의 섹스
49. 바이오 테크놀러지
50. 새로운 화학
51. 나는 전자이다
52. 분자생물학 입문
53. 유전자가 말하는 생명의 모습
54. 분체의 과학(품절)
55. 섹스 사이언스
56. 교실에서 못 배우는 식물이야기(품절)
57. 화학이 좋아지는 책
58. 유기화학이 좋아지는 책
59. 노화는 왜 일어나는가
60. 리더십의 과학(절판)
61. DNA학 입문
62. 아몰퍼스
63. 안테나의 과학
64. 방정식의 이해와 해법
65. 단백질이란 무엇인가
66. 자석의 ABC
67. 물리학의 ABC
68. 천체관측 가이드(품절)
69. 노벨상으로 말하는 20세기 물리학
70. 지능이란 무엇인가
71. 과학자와 기독교(품절)
72. 알기 쉬운 양자론
73. 전자기학의 ABC
74. 세포의 사회(품절)
75. 산수 100가지 난문·기문
76. 반물질의 세계(품절)
77. 생체막이란 무엇인가(품절)
78. 빛으로 말하는 현대물리학
79. 소사전·미생물의 수첩(품절)
80. 새로운 유기화학(품절)
81. 중성자 물리의 세계
82. 초고진공이 여는 세계
83. 프랑스 혁명과 수학자들
84. 초전도란 무엇인가
85. 괴담의 과학(품절)
86. 전파란 위험하지 않은가(품절)
87. 과학자는 왜 선취권을 노리는가?
88. 플라스마의 세계
89. 머리가 좋아지는 영양학
90. 수학 질문 상자

91. 컴퓨터 그래픽의 세계
92. 퍼스컴 통계학 입문
93. OS/2로의 초대
94. 분리의 과학
95. 바다 야채
96. 잃어버린 세계·과학의 여행
97. 식물 바이오 테크놀러지
98. 새로운 양자생물학(품절)
99. 꿈의 신소재·기능성 고분자
100. 바이오 테크놀러지 용어사전
101. Quick C 첫걸음
102. 지식공학 입문
103. 퍼스컴으로 즐기는 수학
104. PC통신 입문
105. RNA 이야기
106. 인공지능의 ABC
107. 진화론이 변하고 있다
108. 지구의 수호신·성층권 오존
109. MS-Window란 무엇인가
110. 오답으로부터 배운다
111. PC C언어 입문
112. 시간의 불가사의
113. 뇌사란 무엇인가?
114. 세라믹 센서
115. PC LAN은 무엇인가?
116. 생물물리의 최전선
117. 사람은 방사선에 왜 약한가?
118. 신기한 화학매직
119. 모터를 알기 쉽게 배운다
120. 상대론의 ABC
121. 수학기피증의 진찰실
122. 방사능을 생각한다
123. 조리요령의 과학
124. 앞을 내다보는 통계학
125. 원주율 π의 불가사의
126. 마취의 과학
127. 양자우주를 엿보다
128. 카오스와 프랙털
129. 뇌 100가지 새로운 지식
130. 만화수학 소사전
131. 화학사 상식을 다시보다
132. 17억 년 전의 원자로
133. 다리의 모든 것
134. 식물의 생명상
135. 수학 아직 이러한 것을 모른다
136. 우리 주변의 화학물질
137. 교실에서 가르쳐주지 않는 지구이야기
138. 죽음을 초월하는 마음의 과학
139. 화학 재치문답
140. 공룡은 어떤 생물이었나
141. 시세를 연구한다
142. 스트레스와 면역
143. 나는 효소이다
144. 이기적인 유전자란 무엇인가
145. 인재는 불량사원에서 찾아라
146. 기능성 식품의 경이
147. 바이오 식품의 경이
148. 몸 속의 원소 여행
149. 궁극의 가속기 SSC와 21세기 물리학
150. 지구환경의 참과 거짓
151. 중성미자 천문학
152. 제2의 지구란 있는가
153. 아이는 이처럼 지쳐 있다
154. 중국의학에서 본 병 아닌 병
155. 화학이 만든 놀라운 기능재료
156. 수학 퍼즐 랜드
157. PC로 도전하는 원주율
158. 대인 관계의 심리학
159. PC로 즐기는 물리 시뮬레이션
160. 대인관계의 심리학
161. 화학반응은 왜 일어나는가
162. 한방의 과학
163. 초능력과 기의 수수께끼에 도전한다
164. 과학·재미있는 질문 상자
165. 컴퓨터 바이러스
166. 산수 100가지 난문·기문 3
167. 속싹 100의 테크닉
168. 에너지로 말하는 현대 물리학
169. 전철 안에서도 할 수 있는 정보처리
170. 슈퍼파워 효소의 경이
171. 화학 오답집
172. 태양전지를 익숙하게 다룬다
173. 무리수의 불가사의
174. 과일의 박물학
175. 응용초전도
176. 무한의 불가사의
177. 전기란 무엇인가
178. 0의 불가사의
179. 솔리톤이란 무엇인가?
180. 여자의 뇌·남자의 뇌
181. 심장병을 예방하자